商店叢書③7

U0070353

速食店操作手冊

〈增訂二版〉

李平貴　李立群　編著

憲業企管顧問有限公司　　發行

《速食店操作手冊》〈增訂二版〉

目　錄

　　現代零售業的發展，已有飛躍的進步，尤其是各種連鎖店，經營者爲服務客戶、爭奪市場而努力，比比皆是。

　　美國經濟力量的雄偉，生活條件的富裕，眾所皆知，有句傳神的形容詞：「嚼著麥當勞漢堡，喝著可口呵樂，那麼你就嘗到了美國夢的滋味……」，其實，這些跨國企業的經營，其屢戰不敗的經營秘密、QSCV 做法、務實的態度、嚴謹的管理，更值得我們欽佩與學習。

　　本書分析國際著名的速食連鎖業者的做法，包括肯德基、麥當勞、漢堡王、真功夫、義大利三明治……等的具體做法，爲保護該企業的商業利益，已刪去敏感內容。讀者閱覽本書，一定可發覺本書全是技巧實務，不空談言論，相信對有心的讀者有所啓發，可助你一臂之力，對提升連鎖經營、零售作業，有更高一層的發揮績效！

2010 年 8 月

《速食店操作手冊》〈增訂二版〉

目　錄

第 *1* 章

國際速食店巨頭

　　國際速食店巨頭在全球的成功，還得益於它的管理和統一的品牌形象，具體來講，就是取決於它們在全世界產品和服務品質的始終如一。

一、肯德基、麥當勞憑什麼遍佈全球

　　在世界餐飲行業中，麥當勞和肯德基代表著一個難以企及的高度。一個是擁有 3 萬多家門店，世界第一的速食巨頭，一個是擁有 1 萬多家門店，全球第二。

　　從麥當勞和肯德基的創業可以看到，有兩點極為相似的地方，一是麥當勞和肯德基的創始人開始創業的時候，都到了退休的年齡；二是麥當勞和肯德基都是發跡於 20 世紀 40 年代，成立於 50 年代。

　　當時，正值美國進入經濟高速發展的階段，人們生活工作節奏加快，用於吃飯的時間越來越短，特別是個人大量擁有汽車後，途中快速用餐的需求出現了，而在一些機場和高速公路路口設立的麥當勞、肯德基速食店滿足了人們的需要。可見，麥當勞和肯德基的

成功緣於它們的創始人創造了一種適應時代要求的商業模式，並通過制訂統一和規範化的標準，使其可以迅速地複製擴張。

麥當勞和肯德基不是臉對臉，就是肩並肩。它們提供著互為競爭的產品和服務，運營與管理的操作手法似乎針鋒相對，卻都獲得了巨大的成功。麥當勞和肯德基有很多相同的地方，他們都經營漢堡，都有雞腿堡、都經營可樂、都贈送優惠券，都是差不多的裝修，都是一樣的來自美國……他們都在做房地產、都做特許經營……他們有太多的相似之處，以至於部份消費者對他們難以區分。

麥當勞和肯德基所以能持久不衰，深受顧客的歡迎，歸納起來主要有這樣幾個方面的因素：首先是食品潔淨衛生。它不同於其他餐飲食品，需要碗盤或其他餐具，而是別具一格，簡易包裝，拿起來即可用，而且站坐均可食用，不講究方式。還能有效地避免傳染病發生，且十分地便利。其次，節約時間。凡有高素質的人，凡有責任感事業心的人，凡有緊急事務的人，凡有壓力的人，誰都會自動珍惜時間的，把時間看得比生命還寶貴。他們對吃飯也是如此。食用麥當勞就能滿足節約和珍惜時間的人的要求。

麥當勞和肯德基在全球的成功，還得益於它的管理和統一的品牌形象，具體來講，就是取決於它們在全世界產品和服務品質的始終如一。另外，設計簡潔但非常有效的標誌和統一的店面裝修共同構成了獨特的外在形象，而服務集中於家庭和孩子的大眾化的裝修成為其品牌的標識。誕生於美國的麥當勞、肯德基已經完全跨越了地理空間和文化的界限，創造了連鎖速食品牌成功的神話。

麥當勞和肯德基的成功，還說明只要有恒心和決心，就沒有辦不成的事情。年齡及財富並沒有影響到其創始人對工作的熱誠，仍然孜孜不倦地經營他的事業。

二、麥當勞：把漢堡賣到全世界

　　麥當勞是世界最大的餐飲集團，在全世界 120 多個國家和地區有 3 萬家店。對於麥當勞，很少有人不知道，還有那個金黃色的拱門「M」標誌和麥當勞叔叔，是全世界最著名的品牌之一。那個金黃色的「M」字遍佈在全球的各個角落，已經成爲一個醒目的標誌。

　　人們可能很喜歡去麥當勞吃東西，但對於它的發展歷程，可能就不太瞭解。有人說：麥當勞兄弟創立了麥當勞，而雷·克羅克將其發揚光大，使之成爲一個世界名牌，如果沒有克羅克，也就沒有今天的麥當勞。沒有克羅克，麥當勞也許還是一家默默無聞的速食店，而不是一個速食連鎖王國。1937 年，麥克·麥當勞和迪克·麥當勞兄弟在洛杉磯開了家汽車餐廳，因爲他們的漢堡包物美價廉，每個 15 美分，因此生意十分好，一年的營業額竟能達到 25 萬美元，他們對傳統速食經營方式進行了重大改革，採用自助式用餐，使用紙餐具，提供快速服務。1953 年，麥當勞兄弟開始特許經營，建立了連鎖店，並親自設計了金色雙拱門的招牌。

　　1954 年，克羅克遇上麥當勞兄弟。1955 年克羅克又成爲麥當勞的特許經營代理商。從此掀開了麥當勞發展歷史的新篇章。

　　1902 年 10 月，雷蒙德·克羅克出生在美國芝加哥。克羅克小時候很普通，並沒有什麼特別之處，喜歡胡思亂想，經常冒出各種發財的點子。克羅克對讀書沒有興趣，很早就輟學了。17 歲，克羅克開始四處尋找工作，他在幾個旅行樂隊裏彈過鋼琴，又在芝加哥廣播電臺擔任音樂節目的編導。從 1929 年起，在隨後的 25 年中，克羅克一直從事推銷工作，先在佛羅里達幫人推銷過房地產，後到美國中西部賣過紙杯。幾經週折，屢嘗失敗的滋味。

但付出總是有回報的，因爲銷售紙杯業績突出，他被提升爲紐約百合紙杯公司西部分公司的部門經理。在經歷了 15 年的艱苦奮鬥後，克羅克的事業有了一點成就，過上了小康生活。

1954 年，克羅克在經銷奶昔機時，發現聖伯丁諾市一家普通餐館一下子就定購了 8 台奶昔機。而普通的餐館一般只要一兩台奶昔機就夠了，從來沒有人訂這麼多，於是他特地趕到了聖伯丁諾，想看個究竟。在那裏他認識了麥當勞兄弟。

雷·克羅克認爲麥當勞兄弟經營連鎖速食這一做法是革命性的，完全可以大規模地在全國各地複製，於是便有了他在芝加哥的第一家麥當勞餐廳。最初，雷·克羅克是以加盟店的形式與麥當勞兄弟合作的。

1955 年，克羅克在芝加哥東北部開了一家麥當勞樣板店，這是第一家真正意義上的麥當勞餐廳。

1961 年，具有膽識及冒險精神的雷·克羅克，在麥當勞最低迷時，以 270 萬美元的價格從麥當勞兄弟手中買下了麥當勞餐廳，並將麥當勞餐廳以連鎖形式推向全美國。麥當勞進入了克羅克時代。

克羅克在 52 歲才加入麥當勞，達到了事業的高峰。在他投身麥當勞還不到 30 年，就已經成爲全美家喻戶曉的傳奇人物，被認爲是重要新產業的創始人，並在商業界奠定了不朽的地位。

雷·克羅克認爲餐飲業最重要的兩個元素是低價和整潔，並由此營建了世界上最龐大的速食王國：麥當勞。他以麥當勞兄弟原先制定的麥當勞營運方式爲基礎，並在增進效率和系統一致的營運工作中做出了一系列變革，制定出了麥當勞連鎖店連鎖運營方案及機制，將麥當勞推向連鎖的輝煌。

1963 年，麥當勞漢堡的銷售量達到 1 億個；同年，身穿紅條衣服黃色背心的小丑，雷納德·麥當勞開始亮相。從此，「麥當勞叔叔」

的形象風靡了全美國的兒童。在英國、日本、香港等地,「麥當勞叔叔」也成了家喻戶曉的人物。1965 年,麥當勞股票正式上市。由於克羅克將麥當勞事業經營得十分成功,金色拱門下的美味漢堡及親切的服務,在速食連鎖的獨特經營理念下,麥當勞獲得了廣大顧客的喜愛。

　　1968 年,麥當勞開始向海外進軍,並以很快的速度向全世界擴張,就這樣,一座座麥當勞餐廳如雨後春筍般在世界各國湧現,最終使麥當勞成爲全球速食連鎖巨頭。

三、麥當勞:締造「世界廚房」

　　克羅克將金色的麥當勞旋風走出美國,走向全世界,在全世界不斷發展壯大,書寫著它的傳奇。現在,以經營漢堡包爲主的美國麥當勞速食店已經成爲了名副其實的「世界廚房」。

　　麥當勞是餐飲行業的世界第一品牌,由國際著名品牌研究機構世界品牌實驗室推出的 2003 年世界最有影響力品牌 100 強中,麥當勞名列第二位。麥當勞伴隨著美國經濟的騰飛而獲得巨大成功,無形中賦予了它更多的文化內涵,人們視其爲代表了美國的國家形象。在早期發展過程中,麥當勞逐漸形成了具有強烈美國 CI 理論特徵的以紅黃爲基本色調、以 M 爲品牌標誌的 CI 體系。麥當勞的品牌內涵中包含了其產品品質、產品市場定位、品牌文化、產品標準化生產及品質保障機制、品牌形象推廣、特許經營的市場擴張模式等。麥當勞以其獨特的商業模式獲得了世界餐飲第一的地位,引起世人的矚目,使得麥當勞品牌得以快速傳播,在許多報刊雜誌、文學作品和電視電影中,人們都可以看到麥當勞餐廳,它已經是人們日常生活的一部份,所以麥當勞進入新市場時不需要做廣告,往往就會

顧客盈門。在中國，麥當勞登陸北京和上海時，當日單店的造訪顧客都超過了 10000 人。

據美國食品業界研究機構 Technomic 對 2003 年全美速食銷售額和餐廳數量的統計顯示，麥當勞以全美 13609 家餐廳，銷售額超過 221 億美元的業績排名榜首。從全球範圍看，麥當勞目前在世界 121 個國家擁有超過 30000 家店，全球營業額約 406.3 億美元。

四、肯德基：用一隻雞改變了世界

說起麥當勞，自然而然會想起肯德基，這兩個同是來自美國的品牌，都是全球最具規模的速食連鎖企業，相互競爭又相互促進。

肯德基的創始人哈倫德・山德士，1890 年出生於印地安那州亨利維爾附近的一個農莊。在他 6 歲那年，父親去世了，留下母親和 3 個孩子艱難度日。在 8 歲那年，山德士已能做出各種美國口味的菜肴，成為遠近聞名的烹飪高手。12 歲那年，山德士成了一名農場工人。以後，他當過有軌電車售票員，還曾到古巴去當過兵。回到美國後，又度過 38 年漫長的坎坷歲月。在這 30 多年時間裏，他先後當過鐵路司爐工、鐵路段道工、保險代理商、汽船推銷員、煤氣燈製造工和輪胎推銷員等各種工作，歷經磨難，但依然無法改變他的命運。最後他在肯德基州考平城煤氣服務站當操作工，這份工作給他帶來了人生的轉機，為了彌補煤氣服務站收入的不足，他在公路邊辦了個小吃鋪，給過路旅客供應小吃。幾年以後，他的小吃鋪成了一家遠近聞名的餐廳。

事業的發展，使山德士思考著如何可以讓顧客在半小時內吃上可口的炸雞，以滿足餐廳快速增長的需求。1939 年他終於找到答案。他買了一台加壓蒸煮器，經過加工改裝，終於在 8 分鐘之內炸

出原汁原味的雞塊來。他把那只炸雞稱為「肯德基家鄉雞」，以區別於其他餐廳的南方炸雞。不久，他的餐廳擴展成了一家擁有 142 個座位並設有停車場的大型餐廳。

但是沒過多久，厄運降臨了，山德士座落在兩條公路之間的餐廳被一條新建的高速公路繞過，因為餐廳的位置離高速公路比較遠，生意一落千丈。山德士負債累累，不得不變賣餐廳以抵償債務。

時光飛逝，年近花甲的山德士眼看這輩子就這樣過去了，而他們一無所有，一事無成。但他還沒有意識到這一點，直到有一天郵遞員給他送來第一份社會保險支票。這時，他仿佛聽到有個聲音對他說：「一輩子當中，輪到你擊球時你都沒能打中，現在不用再打了，該是放棄、退休的時候了。

面臨只能依靠每月 105 美元的社會救濟金的生活困境，山德士沒有氣餒。1956 年，已經 66 歲的山德士，決心外出開創新局面。他用他的那一筆社會保險金創辦的嶄新事業正是聞名於世的肯德基家鄉雞，成為了吉德基的創始人。

肯德基州為了表彰他為家鄉作出的貢獻，授予山德士上校的榮譽稱號。如今的肯德基是世界最大的炸雞速食連鎖企業，肯德基的標記 KFC 是英文 Kentucky Fried Chicken（肯德基炸雞）的縮寫，已在全球範圍內成為著名品牌。

在世界的許多地方，我們都可以看到一個老人的笑臉，花白的鬍鬚，白色的西裝，黑色的眼鏡。這個世界著名的形象，這個和藹可親的老人就是「肯德基」的招牌和標誌——哈倫德·山德士上校，也是這個著名品牌的創造者。山德士上校一身西裝，滿頭白髮及山羊鬍子的形象，已成為肯德基的最佳象徵。從最初的街邊小店，到今天的餐飲帝國，山德士用一隻雞改變了人們的飲食世界。

目前肯德基在世界 80 個國家擁有連鎖店 11000 多家。據美國食

品業界研究機構Technomic對2003年全美速食銷售額和餐廳數量的統計顯示，肯德基以全美 5524 家餐廳，銷售額 49.36 億美元排名第7 位。

五、肯德基：打造世界新速食

肯德基遍佈全球 80 多個國家，目前擁有 10000 多家店。在這個地球上，每天都有一家肯德基開業。不論是在中國大陸的長城還是巴黎繁忙的市中心，從保加利亞風光明媚的蘇菲亞市中心到波多黎各街道，以山德士上校熟悉的臉孔爲招牌的肯德基餐廳隨處可見。

世界上每天都有超過 600 萬的顧客光顧肯德基，除了肯德基的傳統招牌產品——原味炸雞，肯德基餐廳還提供其他 400 多種產品，例如科威特的雞肉烤餅及日本的鮭魚三明治。

肯德基的成功，是全球 10 多萬員工齊心協力，共同努力的結果。肯德基永遠將顧客的需求擺在第一位，使顧客在享受各種高品質餐飲的同時，也能感受到最親切的一流服務和用餐環境。亞太地區是肯德基成長最快速的地區，在馬來西亞、韓國、印尼、泰國及中國，肯德基已成爲當地最大的西式速食餐廳。

現在，肯德基屬於百勝餐飲集團，是世界上最成功的消費品公司之一。百勝餐飲集團下轄餐廳、飲料和休閒食品三大系統行業。在百勝的餐廳系統，除了肯德基，還有必勝客和塔可鐘兩個世界著名品牌，共同打造世界新速食。

第 *2* 章

速食店人員編制系統

　　速食餐廳有一套完善的、有效地組織系統來確保餐廳的生產和服務工作的順利進行。在組織系統中，有明確的部門劃分、工作崗位設置、職責要求、素質要求等。

一、速食連鎖餐廳的人員編制系統

　　組織系統就是人員編制系統，主要用來說明崗位設置，以及各崗位之間的縱向隸屬關係和橫向協作關係。該系統在縱向上，形成了垂直指揮系統；在橫向上，形成了橫向聯絡系統。

二、工作崗位描述

　　為突出績效，應將店內各個工作人員的工作(例如店經理、見習經理、組長、操作人員、接待員、收銀員、勾單員等)。

1.店經理

　　如果是直營店，店經理由公司指派；如果是加盟店，店經理可由加盟者自行決定。加盟者是餐廳的所有者或投資者，他擁有對餐

廳的全面決策權，自負盈虧，獨立核算。如果加盟者自任店經理，
那麼薪水自付，福利待遇自辦，自負盈虧。

圖 2-1　人員編制系統圖

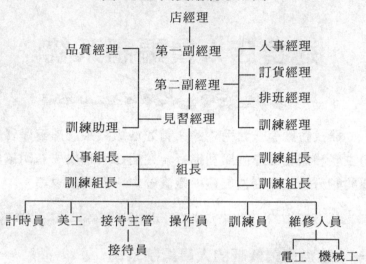

店經理全面負責餐廳的經營管理，包括餐廳的員工招聘、營運、
訓練、廣告、管理等。店經理必須按照公司的標準走下去，不能偏
離軌道，變相經營，這是連鎖企業的基本要求。

店經理的起步薪水一般是當地薪水平均水準的 3 倍，隨著以後
每年一次的評估對薪水進行相應的調整。評定結果分爲優秀、良好、
一般、需改進四級，薪水分別上浮 7%～10%、3%～5%、2%、0%，並
有利益提成、股權和昇遷機會。

店經理一般在店成立前就已確定，並且要接受連鎖公司的嚴格
培訓，達到能獨立、出色地開展工作的水準。其素質要求：

(1)熟悉市場法規，掌握人事、財務制度。

(2)掌握企業經營管理的基本情況，具有較強的整體控制和協調
能力。

(3)能及時發現企業中存在有傾向性嚴重的問題，並能迅速發出指令，採取行動予以糾正。

(4)具有較強的領導用人才能，能够充分調動各級管理人員和普通員工的主動性、積極性和團隊精神。

(5)能成功召開會議，語言表達能力强。

(6)經營思想活躍，性格穩重、堅毅，做事公正。

(7)具有大專或相當學歷，掌握本行業的業務知識，最好在本行業任職五年以上。

(8)有强烈的事業心和責任感，在群衆中有較高的威信。

(9)有較强的文書工作能力，能提供高水準的計劃、報告。

(10)其他。

2.第一副經理

第一副經理，有時也稱第一副理，或店經理助理。第一副經理由店經理或加盟者負責招聘，其工作內容主要是按照店經理的要求，有效地實施餐廳的管理，包括：有效地督促屬下經理和員工，使餐廳表現良好的工作氣氛，快速優質的服務，提供新鮮的產品，保持清潔、優雅的用餐環境。當店經理不在時，他能全面負責公司的營運，同時做好自己的行政工作。

第一副經理的薪水由店經理或負責人決定，一般薪水是當地平均薪水的 2 倍，以後根據工作表現加薪，每年一次評估，評定結果分爲優秀、良好、一般、需改進四級，薪水分別上浮 7%～10%、3%～5%、2%、0%，但每年要根據當地物價水準，全體月薪經理薪水浮動一次。

第一副經理的素質要求如下：

(1)大專以上程度。

(2)具有企業第一的意識，有團隊合作精神。

(3)形象氣質較好，有較強的感染力，有團隊意識。

(4)掌握市場動態，能及時根據市場變化提出促銷策略。

(5)熟悉經營策略，瞭解競爭手段和客戶狀況。

(6)具有較強的分析能力、應變能力和處理事務的能力。

(7)具有一定的組織能力、領導能力，善於調動下屬人員的主動性、積極性。

(8)誠實可靠，動手能力強。

(9)有兩年以上經營管理經驗。

(10)善於走動式管理。

(11)能成爲上司一個好幫手，也能成爲下屬一名好培訓師。

(12)有一定預見能力，並作好防範措施。

(13)有主見，恰當授權，公正待人。

(14)身體健康，注意力集中。

3.第二副經理

第二副經理分管各項具體工作，同時又能獨立地保持餐廳正常高效地運行。餐廳最重要的行政工作主要有四種，即人事、訂貨、排班、訓練，此外還有產品品質保證和設備維護，這兩個方面也需要加強管理。如果第一副理能負責其中一項，二副(第二副經理)可以只要三位。由於每天的營業時間需三個班次，每個班次最少一名二副以上的經理值班，所以至少三個二副，或四個二副，如暫無合適的一副，也可多一個二副，作爲昇遷的人才資源。二副的薪水一般是當地薪水的 1.5 倍，每年評估一次可上浮薪水，考核優秀者可昇遷爲一副(如有需要)。

對二副經理的素質要求包括如下一些：

(1)具有企業第一意識，具有團隊合作精神。

(2)形象氣質較好，有較強的感染力，能爲提高團隊士氣努力工

作。

(3)能獨立完成一些文書工作、計算報表。

(4)有消防意識，能有效防止由於防範不當帶來的不良後果。

(5)能獨立開展工作，並保持營運順暢。

(6)習慣走動式管理，主要發現問題、解決問題。

(7)勤勉誠實，動手能力強，不弄虛作假，脾氣隨和。

(8)有兩年管理經驗。

(9)大專以上文憑。

(10)有較強的組織和指揮能力。

(11)身體健康，注意力集中。工作積極。

4.見習經理

見習經理只是一個從組長到第二副經理的過渡職位，當二副經理不够時，他可充當經理，當組長不够時，他可協助值班經理進行區域管理，隨著餐廳走入正軌這一職位將逐漸消失。

見習經理可以擔負一些行政職能，如設備維護、產品品質保證等。由於每個班次需兩個以上經理(其中一個要負責營業款的收取及其他現金支出)，所以最好先設兩個見習經理。

見習經理的薪水一般是當地薪水的 1.2 倍，經考核也可昇遷，每年一次評估作為上浮薪水的依據。

實習經理的素質要求：

(1)具有企業第一意識，具有團隊合作精神。

(2)能帶動團隊努力工作，提高士氣。

(3)能領會上司下達的命令並很好地執行。

(4)上能管理一個團隊，下能出色地操作生產。

(5)能體察員工民情，及時向上彙報，並建議改進方法。

(6)能在員工中樹立一個民主、平等、親和的管理者形象。

(7)身體健康，注意力集中。

(8)有一定的指揮能力和解決問題能力。

(9)專科以上文憑，有本行業經驗一年以上。

5.組長

組長有時也稱領班，是員工中的領導者，是值班經理的左右手。由他們負責區域管理，才能使值班經理統觀全局，營運順暢。組長要領導這一區域的員工，具有很大的帶動作用。爲保證每個樓面和每個班次有一個組長(注意兩個營業高峰 11：00～13：00，17：00～19：00)，所以一般可以招四個組長。組長有機會昇遷見習經理、第二副經理，但必須經過一系列培訓和考核。對組長實行計時薪水，每小時略高於當地平均小時薪水，每半年評估一次，根據評估結果浮動薪水。其素質要求包括：

(1)熱受本職工作，樂於奉獻。

(2)身體健康、不怕吃苦。

(3)精神狀態積極向上，處世樂觀。

(4)能熟練示範操作，有技術。

(5)有一定指揮能力，具有帶動作用。

(6)能帶領員工完成具體任務。

(7)能創造一個良好的工作氣氛。

6.訓練員

訓練員一方面要直接參與餐廳的生產、服務工作，一方面也負責餐廳的員工訓練任務，他們是提高餐廳整體水準的有生力量，直接影響到餐廳的品質、服務、清潔和生產力、利潤，因此不可忽視。

訓練員的人數標準爲每 100 座位 6 人。薪水水準相當於當地平均每小時薪水，同樣有每半年評估和昇遷的機會。其素質要求：

(1)熱愛本職工作。

(2)身體健康。

(3)有服務行業經驗。

(4)工作標準高。

(5)容易溝通，傳授能力強。

(6)有耐心。

(7)中學以上文化程度。

7.操作員

操作員主要負責產品現場加工、銷售服務、清潔衛生等，他們是餐廳最基本的人力資源，也是最龐大的一個群體，其人數比例一般與管理人員成 8：1，即 1 個管理人員(包括組長)要管理 8 個操作員(包括訓練員，因為訓練員在平時也在執行生產、銷售、清潔等操作任務)，與座位的比例是 1：2，當然這時的座位利用率要達到 60%以上。其薪水水準在試用期(一般為 80 個工時)較低，薪水水準只能略低於當地平均薪水，一般半年後轉正，經過評估後有昇遷機會，其素質要求：

(1)較高的工作標準。

(2)有團隊精神。

(3)有熱情服務顧客並使其滿意的意識。

(4)中學文化程度(學生除外)。

(5)熱愛本職工作。

(6)良好的工作適應性。

8.維修人員

維修人員是具有專業技術的人員，對餐廳的機器設備、燈光照明進行維護保養，確保餐廳良好運轉。維修人員一般為 2 名，分電工和機械工，薪水水準略高於訓練員，每半年評估一次。其素質要求：

(1)有相對的專業證書。

(2)不怕髒和累。

(3)做事認真細心。

(4)爲人謙虛不擺架子。

9.接待員

接待員是餐廳的公關人員，他們負責宣傳餐廳，樹立良好形象，主要是能吸引小朋友。其人數保證每班 2 人，1 人負責其他事項。當有生日聚會時多加 1 人，一般一個餐廳有 8 個人足够，他們是非生產力，與營運無關。其薪水水準在試用期相當於員工，轉正後相當於訓練員，每半年評估一次。其中接待主管還要求具備管理才能，帶動性强，能制定目標、計劃，薪水相當於見習經理，接待員素質要求：

(1)形象氣質好。

(2)開朗活潑。

(3)能歌善舞。

(4)喜歡小孩。

(5)口齒伶俐。

10.美工

承擔餐廳海報、廣告任務(可由員工或訓練員來兼任)。其素質要求：

(1)有美工基礎。

(2)人較隨和。

11.計時員

人員的數量按此初定，隨著營業的漲落而增減，保持隨時有員工能按訓練員——組長——經理的順序昇遷，以備調用。計時工可多一些，但餐廳必須儲備一些人員，並重視訓練優秀員工。計時人員

的標準是以他們提供的上班時間爲依據的，全職人員須保證每週工時 30～40 小時。高生產力的工時大於或等於 5 小時。總體上看，勞務支出佔總支出的 20%左右。

　　人員的薪水水準先定低一些(相對於本地同行業薪水)，然後隨著營業額的變化和當地薪水水準的變動，決定薪水的浮動。一般，員工薪水水準的確定，遵循一個原則：既能調動員工的積極性，又能降低薪水成本。

12. 倉庫管理員

(1)由採購員憑領料單、採購單、發票開進倉單。

(2)根據進倉單登記庫存。

(3)根據領料單開出倉單，並登記庫存本。

(4)根據庫存本貨品庫存情況開出申購單，申購必需購買物品。

(5)倉管必須每週、每月對庫房徹底盤點一次，由店經理監督。

(6)保證餐廳物品領取方便，隨叫隨到，留下電話。

(7)及時整理清潔庫房。

(8)所有單據必須由經理以上的人簽名，數字要標準化。

(9)所有進貨必須稱量檢查，並對進貨品質負責。

(10)保持帳面的完整清潔。

(11)對由於疏忽不及時申購或其他不負責任的行爲造成的損失負責。

(12)每月底計算出食品成本。

(13)下班前必須補齊餐廳用料。

13. 收銀員

(1)禁用退貨鍵，對支票鍵、抽屜鍵的使用要請示經理。

(2)把點膳單上的產品分報於各區。

(3)忙時把收到的點膳單按順序叠好，依次入機，入機後由勾單

員報單。

(4)每入機一次把零錢和 POS 單放在一起，隨飲料對號送出去。

(5)切記找零錢對號準確。

(6)保持零錢的充足。

(7)確認假鈔。

(8)代用券須經理簽名，確認金額並撕角。

(9)櫃檯負責音樂的播放，聲音要小(想聽則有，不聽則無)。

(10)不讓其他員工操作你的收銀機。

(11)換零錢要確認。

(12)每個抽屜備有 200 元零錢，員工各人負責。

(13)離開櫃檯要請示經理，並鎖機。

(14)熟知收銀機鍵盤。

(15)不貪圖小便宜，保持收支無誤，否則將受到嚴重處罰。

(16)早上 10：00 前，晚上 9：00 後，親自接待客人。

(17)下班前清點現金並簽名，無誤後方可簽卡。

14.採購員

(1)由經理開出的申購單進行採購。

(2)採購過程中進行比較採購，做到物美價廉。

(3)採購物品回來時需進行稱量、驗質，發現不合格的要退回。

(4)採購物品回來後，填寫入庫進倉單。

(5)告之店經理當天的採購金額。

(6)報銷程序：由採購憑申購單、進倉單、發票三種單據到公司財務進行報銷，每天向財務報銷採購費用。

(7)注意保持與餐廳的聯繫，做到隨叫隨到，留下聯繫電話。

(8)應行使「提醒經理採購」的職責。

(9)採購物品儘量能及時迅速完成任務。

(10)可對物品如何使用提出建議，節約成本。

(11)所有單據須由經理簽名。

(12)要對因延誤採購對餐廳造成的損失負責。

(13)提出的採購量不超過兩天（單位產品除外）。

(14)如有弄虛作假將受到相應處罰。

15. 勾單員

(1)把收到的單按順序「一」字排開。

(2)收銀員忙時幫他報單。

(3)備膳員忙時幫他取產品。

(4)通知點膳員送餐，並告之桌號，保證準確。

(5)對送出的產品務必用粗筆抹掉。

(6)密切觀察點膳單上未送產品，並催促。

(7)保持頭腦清醒，照顧櫃檯買單款和找回顧客的零錢。

(8)對送完餐的單子回收入抽屜。

(9)對後送的單子要隔行放入。

(10)切記沙拉、比薩根據人數配餐刀。

(11)根據人數第一次配上每人兩張的紙巾。

(12)切記送出去的產品都應配好該配的調味料。

(13)產品放置正確。

16. 品管員

(1)負責生產區人員安排。

(2)檢查機器設備的完好。

(3)檢查原輔料的補充。

(4)協調生產區域，按標準高效地生產。

(5)提高團隊士氣。

(6)嚴格檢查包裝前的產品，不對不售。

(7)與櫃檯保持良好溝通。

(8)與值班經理保持良好溝通。

(9)與生產區員工保持良好溝通。

(10)密切注意人流量，有一定的預見性。

(11)切記產品原料先進先出，注意品質。

心得欄

第 *3* 章

速食店的服務管理

速食服務就是通過特定的方式、方法、態度、技巧來滿足顧客的物質需求、精神需求和便利需求,並達到顧客新的需求。

一、服務目的

讓顧客 100%的滿意,才能增加本餐廳回頭客。提升營業額,增加利潤是餐廳服務的目的。即使那些帶著不愉快心情來到餐廳的顧客,也要讓他們「不愉快而來、滿意而走」。

二、服務標準

(1)提供新鮮的産品。

(2)提供快捷、準確的服務,可靠、熱心、朋友般的服務,超出期望、印象深刻的服務,使顧客獲得一種愉快的就餐體驗。

(3)顧客等候時間:顧客加入排隊行列至開始點膳時間,規定不超過 4 分鐘。

(4)顧客接受服務時間：接受點膳開始，至歡迎再次光臨時間，規定不超過 2 分鐘。

(5)有效、快捷地處理顧客的投訴。

三、服務政策

為了保證服務質量，本店制定了七項服務政策。

(1) QSC＋V(品質、服務、衛生＋價值)

(2) TLC(Tender, Loving, Care, 細心、愛心、關心)

(3) Customers Be First（顧客永遠第一）

(4) Dynamic, Young, Exciting(活力、年輕、激動)

(5) Right Now and No Excuse Business(立刻動手，做事沒有藉口)。

(6) Keep Professional Attitude(保持專業態度)

(7) Up To You(一切取決於你)

四、服務程序

(1)大門口有員工歡迎顧客，並對顧客說道「歡迎光臨本餐廳」、「先生/小姐，慢走！歡迎再次光臨」，並且微笑熱情大方。如遇下雨天，門口還設有員工專門為顧客雨傘配上塑料套。

(2)櫃檯服務員對走向櫃檯點膳的顧客大聲說：「歡迎光臨」。

(3)接受點膳。

①詢問、建議(誘導)銷售。一方面要設身處地為顧客著想，詢問清楚，例如，店內吃還是外帶？另一方面也要抓住時機增加銷售額，不放過促銷機會，例如：要一包薯條嗎？

②重覆所點內容(特別當產品較多，記不太清楚的情況下)。

③收銀機鍵入所點內容。

④告之顧客款數。

(4)收款

①接款，並說出面值。

②驗鈔。

③入機，打開抽屜。

④把大鈔放入底層，關閉抽屜。

⑤找零、並說出找零款額。

(5)收集產品

①按一定順序：奶昔、冷飲、熱飲、堡、派、薯條、聖代。

②按一定方向放置：標誌朝向顧客，薯條靠在包上。

③手不能碰到產品，產品也不能倒出餐架。

④在營業高峰時，櫃檯員工一定要小跑步，以加快服務速度。

⑤縮短走動路線，爭取一次拿幾份產品。

⑥注意溝通：需要什麼產品，已拿走什麼產品，特別是特殊點膳。

⑦注意保持產品原形，得體包裝。

⑧保質保量。產品在保存期內，薯條要滿盒滿袋。

⑨配好紙巾、調料。

(6)呈遞產品

①雙手把產品遞給顧客，並說「先生，這是您點的產品，請看是否正確。」。

②如果有誤，請立即改正，不許與顧客爭辯。

③如果顧客需求改訂別的產品，請立即滿足。如改訂會影響成本時，可稍微與顧客解釋一下，萬一顧客堅持改訂，員工必須給予

滿足。

(7)歡迎再次光臨

①祝他用餐愉快，或請慢用，或歡迎下次光顧。

②立即迎接下一位顧客。同樣的程序。

五、服務標準化執行

作爲餐飲零售服務業的龍頭老大，國際速食巨頭把服務視如性命一般重要。

受過嚴格訓練的工作人員培養了良好的衛生習慣，他們眼光敏銳，手腳勤快，顧客一走，馬上清理桌面和地面，那怕是散落在地上的小紙片也立即拾起，使顧客就餐既放心又愉快。

食品並不是吸引顧客的關鍵因素，因而爲了切合本土需求，將經營的重心放在了服務和氣氛上。

人們之所以喜歡到速食店去就餐，並不僅僅是衝著新鮮的漢堡，因爲其他一些餐廳製作的漢堡味道也許更好。那裏的菜單基本是不變的：漢堡、土豆條、飲料、沙拉。

爲了吸引顧客，提高服務品質，始終堅持優質服務策略。比如：

(1)顧客花錢就是要吃到優質的飯菜；

(2)顧客需要得到快速且優質的服務；

(3)顧客應該看到自己食品的製作過程；

(4)顧客能夠順利地打通電話；

(5)顧客總是受到有禮貌的問候；

(6)顧客可以方便地找到停車位；

(7)顧客收到的帳單十分清楚易懂；

(8)顧客能夠充分地享受營業時間。

提供快捷、週到、細緻的服務，是成功的法寶之一。國際速食巨頭從經驗中懂得向顧客提供優質服務的重要性，因此每一位員工都會以顧客爲先的原則，爲顧客帶來歡笑。

1.服務三大要求

⑴ F(Fast，**快速**)

指服務顧客必須在最短的時間內完成。因爲寶貴的時間稍縱即逝，因此，對講究時間管理的現代人而言，能否在最短的時間內享用到美食，是他們決定踏入店內與否的關鍵之一，因此國際速食巨頭十分重視時間的掌握。

⑵ A(Accurate，**正確、精確**)

不管食物多麼可口，倘若不能把顧客所點的食物準確無誤地送到顧客手中，必定給顧客一種「服務的態度十分草率，沒有條理」的壞印象。所以堅持在繁忙時段，也要不慌不忙且正確地提供顧客所選擇的餐點。這是對員工最基本的要求。

⑶ F(Friendly，**友善、友好**)

友善與親切的待客之道。不但要隨時保持善意的微笑，而且要能夠主動探索顧客的需求。如果顧客選擇的食物中沒有甜點或飲料時，服務人員便會微笑地對他說:「要不要參考我們的新產品或是點杯飲料呢？」這麼做，不但能向顧客介紹新的產品也同時增加了營業額。

2.乾淨可靠的服務

桌子是清潔的，地面是乾淨的，從廚房到門前的人行道，處處體現了國際速食巨頭對清潔衛生的注重，那些戴著公司標誌帽的年輕人隨時隨地使一切保持乾淨整潔。

至於食品，顧客食用的飲料中的冰塊一定要用經過淨水器過濾後的水製成；如果一位顧客認爲他的漢堡涼了，餐廳會馬上替他調

換一份熱的，因為按規定如果漢堡超過 10 分鐘、炸薯條超過 7 分鐘還未售出，就必須丟棄，不允許再出售給顧客。而且外賣還備有各類消毒的食品包裝，乾淨方便。

餐廳永遠窗明幾淨、乾淨舒適，使顧客隨時能享受到愉快的服務。

3.親切友好的服務

當你走近餐廳門口，就會遇到穿著整潔、彬彬有禮的臉孔微笑相迎。只要顧客一走進餐廳，即有服務員為他們開門，並滿臉微笑地打招呼：「歡迎光臨。」

餐廳的侍應生謙恭有禮，在餐廳就餐的過程中，顧客可以看到始終微笑的服務人員，在你需要的時候，服務人員會隨時聽從召喚，為你解決問題。乾淨整潔的店堂和著裝整潔劃一、動作準確快捷的員工，使服務成為可感觸的。

處處營造一種幽默、活潑的氣氛，大門口的紅鼻子叔叔，室內五光十色的飾物，牆上貼著吸引少年兒童的圖畫，洗手間裏定期更換的幽默故事等，讓人感到不是單純地推銷其產品，而是同時出售親情，讓人覺得有種親情感，其樂融融。

餐廳還備有職員名片，後面印有 Q、S、C 三項評分表，每項分為好、一般和差三類，顧客可以給其打分，餐廳定期對職員的表現給予評判。

通過標準化管理，使服務成了穩定的、無論何時何地由誰來提供都沒有什麼差別的流程。實際上，這一切並沒有改變服務的本質特徵，而是使服務獲得了更高的表現形式，從而增加了吸引顧客回頭的頻率。

4.體貼入微的關愛

除了滿足顧客的一般需求，還提供細緻入微的關愛。例如所有

連鎖店的櫃檯高度都是 92 釐米，因爲據科學測定，不論高矮，人們在 92 釐米高的櫃檯前掏錢感覺最方便。而且櫃檯必須設在後門入口處，顧客可不經櫃檯到達餐桌，以免除不購物者的尷尬。

店內的可口可樂均爲 4℃，因爲這個溫度的可樂味道最爲甜美，所以全世界的可口可樂，統一規定保持在 4℃。

在開設的幾乎所有連鎖店都設有兒童樂園，甚至設有兒童專用的洗手池，孩子們在享受食品和飲料的同時，還可以獲得共同娛樂以及集體歸屬感。讓大人吃得放心，小孩玩得盡興，感受關懷。

有些餐廳爲方便兒童，專門配備了小孩桌椅，設立了「兒童天地」，甚至考慮到了爲小孩換尿布的問題。

另外還提供快樂餐廳和生日聚會等，以形成家庭式的氣氛，這樣既吸引了孩子們，也增強了成年人對公司的忠誠感。

在饋贈的卡通人物中，增加了傳統形象或者服飾，竭力拉近與小朋友之間的距離。

如此體貼入微的服務，使得人們一次又一次地光臨，自然也生意興隆。

5.服務時的原則

每個員工進入公司之後，第一件事就是接受培訓，學習如何更好地爲顧客服務，使顧客達到百分之百的滿意。爲此，公司要求員工在服務時，應做好以下幾條：

(1)顧客排隊購買食品時，等待時間不超過兩分鐘，要求員工必須快捷準確地工作；

(2)服務員必須按櫃檯服務「六步曲」爲顧客服務，當顧客點完所需要的食品後，服務員必須在一分鐘以內將食品送到顧客手中；

(3)顧客用餐時不得受到干擾，即使吃完以後也不能「趕走」顧客；

(4)爲小顧客專門準備了漂亮的高腳椅、精美的小禮物，免費贈送。

把服務做到了幾乎盡善盡美、無懈可擊的地步。它向前來就餐的顧客提供滿足其基本需要和延伸慾望的一切服務，包括快速、整潔、衛生、方便、品質、價值、雅致高尚、家庭風格等，並且每一項服務做得都用心。

六、員工管理現金職責

(1)每個抽屜備有 1000 元零錢，由員工個人負責。

(2)每筆交易必須精確，不多找少收。

(3)辨認假鈔。

(4)不要讓其他員工操作你的收銀機。

(5)換零錢，撿大鈔等需經過本人核對。

(6)有退錢，請示櫃檯經理。

(7)退下第線後、下班前跟去清點。

(8)經理將告之盈虧情況並簽名。

(9)若有過期優惠券未兌換時，先給顧客說明，如有顧客強行要求時，仍得爲其兌換。

(10)員工不得擅自拉開抽屜自己點錢。

七、服務要領

1.服務注意事項

(1)儀容儀表、服裝(包括襪或鞋)整齊，不留長髮、留長指甲。

(2)始終注意微笑，熱情大方，親切，自然。

(3)與顧客目光接觸。

(4)櫃檯小跑步，精神煥發，創造積極氣氛。

(5)以櫃檯第一職責爲優先，並隨時支持第二職責。

2.處理特殊服務

(1)小孩：把小孩當大人一樣尊重他們。

(2)老人：幫助開門，拿餐盤等。

(3)父母帶幼兒：幫助他們拿餐盤和高脚椅。

(4)特殊點膳客人：高興地滿足其要求。不必單獨加工，可以和其他產品在同一爐加工，但在調理時要區分開。

(5)殘疾顧客：幫助開門，拿餐盤，扶持上座。

八、改善服務的策略

(1)觀察櫃檯區。留意沒有點膳就離開餐廳的顧客，看看他們去了那裏。

(2)計時和觀察。「計時」會幫你找出最重要的因素，「觀察」會告訴你應該糾正那些方面，這是兩種非常重要的實證研究措施。

(3)注意細節。小的變化可導致大的改進。

(4)檢查營業模式。查看營業模式是否有遺漏的程序或欠缺的地方。

(5)使用診斷工具。這些工具將會幫助你找出變化後產生的新瓶頸或新問題。這些工具包括生產區域管理工具和樓面管理工具。

(6)衡量結果。利用秒錶測量服務時間、交易次數、平均交易額等，並寫出問題分析及改進報告。

(7)溝通發現結果和採取改善行動。經常溝通有助於保持發現問題和提出良好的改善方案。一旦發現問題，應該採取改善方案保持

長久的前進動力。

(8)追踪。追踪有益於發現問題和改善操作表現，同時鼓勵員工的積極行爲，加深員工對經營理念及存在問題的認識程度。

(9)合理安排員工。確保每個班次都配備了適當的人員。

(10)制定具有挑戰性的銷售目標。制定櫃檯銷售目標、時間和套餐數，使之既具有挑戰性，又能通過努力可以達到。

(11)通報成果，鼓舞士氣。把銷售成果定期通報團隊，激發員工的積極性，創造活力和氣氛。

九、店長要找出服務時間長的原因

1.收集數據和事實

(1)預估的交易次數、服務時間。

(2)實際發生的交易次數、服務時間。

(3)確定餐廳交易次數、服務時間的目標。找出每個方面存在的機會點，進而確定那一個服務環節存在的機會點最大。

(4)檢查員工班次表，確定每班次有否儲備了人員。

2.分析問題產生的原因

根據人員、產品和設備清單找出問題的來由。

(1)人員：包括櫃檯員工、廚房團隊、品管員、薯條員工、飲料員工等。

(2)產品：包括輸送槽產品、薯條、飲料、保溫櫃內產品、原輔料等。

(3)設備：包括炸爐、保溫櫃、煎爐、飲料、奶昔機、製冰機等。

3.制定解決問題計劃

(1)排列解決問題的優先順序，制定正確的修正性計劃。

(2)找出產生問題的瓶頸原因。

(3)採取行動打破瓶頸。

(4)保持服務和生產系統的平衡。

(5)檢查員工班表，是否合理地配備人員。

(6)使用員工崗位安排指南。

(7)採取行動杜絕問題再次發生。

4.實施計劃並進行評估

依據計劃，對影響服務速度的部位進行改變；再次收集數據和觀察事實，瞭解改變後是否取得了預期的成效，根據需要再次進行調整，直至達到滿意效果爲止。可以採取的改變措施舉例如下：

(1)再次訓練員工。

(2)增加飲料員和備膳員。

(3)安排兩名薯條員工：一個炸，一個裝。

(4)提醒顧客點膳，讓其儘快做出決定。

(5)補充所有貨品，包括促銷品。

(6)櫃檯下方整齊有序，便於取用。

(7)輸送槽中備有產品。

(8)備齊調味料，紙巾，避免回頭索取。

(9)薯條備有產品。

(10)換足零錢。

(11)收銀機操作熟練。

(12)機器設備完好。

表 3-1 櫃檯員工操作評分標準

項目	分數
1.進入工作站是否洗手	5 分
2.是否向值班經理報到	5 分
3.是否向服務組長報到	5 分
4.是否清點底桌	
(1)清點	5 分
(2)大、小鈔分開	5 分
5.儀容儀表	
(1)男士頭髮是否剪短、乾淨、指甲、短鬚	2 分
(2)女士頭髮是否高盤、固定、收進帽子，並帶配飾品	2 分
(3)工作服是否乾淨、無異味	2 分
(4)穿平底鞋、襪子	2 分
(5)口氣清新、無異味	1 分
(6)名牌的配戴	1 分
6.櫃檯服務	
(1)熱情	
①當顧客進門時是否面帶微笑	3 分
②目光接觸	3 分
③大聲說「歡迎光臨」	4 分
(2)促銷	
①對顧客是否有針對性促銷	3 分
②促銷技巧	4 分
③不重覆促銷，不對小孩促銷	3 分
(3)呈遞產品	
①是否有重覆點膳內容	2 分
②取產品的順序是否標準	2 分
③放入餐盤的產品是否標準	2 分
④取產品是否有小跑步	2 分
⑤雙手呈遞產品	2 分

續表

(4)收款	
①是否驗鈔	2分
②收款及找款是否告之其金額	3分
③雙手接款	2分
④產品呈遞後是否表示感謝，「歡迎再次光臨」	3分
(5)服務速度	
①60秒以內	-2分
②80秒以內	-5分
③100秒以內	-6分
(6)現金盈虧	
①多或少10元以內	-3分
②多或少50元以內	-5分
③多或少100元以內	-10分
(7)是否具個性化服務	

心得欄

第 *4* 章

速食店的促銷活動

**　　促銷活動需要企劃部、督導、店長三方面的合作。企劃部負責資訊收集與計劃開發；督導負責管理工作與企化工作之間的協調;而企劃工作實施與推動則主要依靠店長。**

一、促銷計劃

　　漢堡連鎖店的促銷，要有計劃、有目標、有行動、有評估，才會取得預期的效果，使營業額不斷上升。

1.促銷的時機

　　有些促銷活動是連鎖總部統一安排需要餐廳參與的，有些促銷活動則是餐廳自己按照自己的計劃進行的，有些促銷活動是根據當時、當地的具體情況提出來的。在某個時段究竟應該安排什麼樣的促銷活動，需認真斟酌考慮，同時可以借鑑其他行業的促銷活動。

　　(1)每週六都是「特別的一天」。

　　(2)各種節假日促銷，並進行特別的假期裝飾。

　　(3)用餐週年紀念。

　　(4)給騎自行車、摩托車的人贈送飲料卡。

(5)員工特別裝扮日。

(6)針對特別時段的特別人物，推銷某些特別的產品。

2.商圈調查與分析

根據擬訂的促銷活動主題和要求，進行商圈調查。需要掌握商圈調查的內容如下：

(1)以下列標準把握商圈：在市郊開車 3 分鐘，在市內步行 3 分鐘的範圍，在鄉下開車 10 分鐘。

(2)一般，大約 80%的顧客來自商圈。

(3)住在那裏的是什麼人，他們在那裏工作、娛樂、購物和上學；你的競爭對手是誰，地處何方，何處有交通(顧客流通)障礙。

(4)顧客流通的因素是：

①家庭，孩子，公寓。

②企業辦公樓和工廠。

③購物場所。

④學校和教堂。

⑤老人中心和十字路口。

3.建立營業額目標

漢堡連鎖店的營業目標額很重要，必須全力以赴，達成目標額。

(1)制定營業目標非常重要，它可以使你有新的追求。

(2)有了目標你就會在超過期望時熱烈慶祝，在未達到目標時應苦苦思索，追尋原因。

(3)追蹤檢查結果十分重要，因為這樣可以肯定自己的成績，並考慮下次如何才能做得更好。

(4)預計本月生日會達 6 個，如果已達到 12 個，你就有可能達到 20 個，一旦達到 20 個，你再通過努力，也許就可達到 30 個。

4.計劃實施及評估

(1)制定計劃、做預算、請求批准。針對情況制定措施，與團隊一起，寫下具體、可衡量並且是實際的目標，想出各種戰術，分派職責，制定行事月曆，並做出預算。得到批准後，將計劃告之員工，激勵他們的士氣，並讓其做好準備。

(2)實施計劃。

(3)評估與考核。評估工作從構思時就開始，一直持續到實施，然後根據需要進行調整，直至達到最終目的，為了實施評估考核工作，需要做好如下幾項工作：

①在收銀機上設促銷產品專用鍵，並教導員工使用。

②設計好促銷回饋表格。

③根據收銀機的記錄，填入有關數據到表格。

④計算出促銷帶來的利潤。

二、常用的促銷活動形式

1.買一送一：買套餐送奶昔。

2.折價：買套餐只8折優惠。

3.與企業聯合促銷：買套餐送一張門票，或買門票送優惠券。

4.與媒體合作：與電視、電臺聯合主辦一些媒體活動。

5.搭配玩具：買套餐搭配一款玩具，可配套。

6.印製貴賓卡、優惠券：用於顧客投訴、應酬、吸引顧客等。

7.印製畫冊：有益於小孩智力開發，並附有優惠券。

8.燭光情人餐：每日一款優惠。

9.特色早餐：買漢堡加一杯咖啡，只8元等。

10.聖誕節與聖誕老人合影。

11.會員制：針對小朋友，建立兒童俱樂部。

12.舉辦社區活動：如週邊社區的聯誼活動。

13.印製餐券：等價購物券，用於集體購買(作為一種福利)。

14.餐廳吉祥物：讓人扮演一個惹人喜愛的吉祥物，出現在小孩面前送給小孩禮物、參加聯誼會，變幻魔術等。

15.走過社區帶上優惠券：相當於業務聯繫。特別是幼兒園，須瞭解其需要並介紹本連鎖店的服務。

16.餐廳播音：介紹本店的服務，有生日會、售買餐券、電話訂餐等，另外還有目前促銷活動。

17.電視廣告：介紹本公司的新產品，新優惠方式。

18.與旅行社合作。

三、配合促銷活動的輔助行動

主要是圍繞促銷活動的主題和內容，開展一些配合性、介紹性活動，讓消費者知曉此次促銷活動的具體內容優惠辦法等。

1.發傳單、促銷券。

2.大廳內掛新旗：說明我們的促銷活動。

3.門口掛條幅：介紹主要促銷內容。

4.收銀機櫃檯佈置：收銀機旁豎起一塊易讓顧客瞭解和便於促銷的說明牌，櫃檯放置記有促銷內容的菜單。

5.人員促銷：告誡每個員工第一句幫助點膳便是促銷內容，並說出其優惠特點，並建議點膳。

6.促銷話術：點菜員工應熟悉建議顧客的統一話術。

7.餐廳播音：介紹目前的促銷活動。

四、櫃檯促銷方法

櫃檯促銷是提高營業額的直接方法。具體做法包括：

1. 統一的促銷話術。
2. 鼓勵顧客點份量大的產品。
3. 鼓勵顧客點更多產品，如再加一個甜點。
4. 增加回頭客，帶進新顧客。
5. 增加一次消費整體點購量（公司，家庭，外帶）。

五、環境促銷方法

創立一個良好的促銷環境，具有提升營業額的作用。具體做法包括：

1. 為了讓顧客 100%滿意，應提供優秀的品質服務、清潔水準。
2. 樹立愛護公共事業的好形象，讓員工打掃餐廳外圍，包括走廊、門口空地。
3. 使著工作裝員工出現在餐廳週圍，創造一個有人氣的氣氛。

六、公益事業促銷方法

熱愛公益事業，可以創造良好的社會形象，有益於提升餐廳的營業額，也可以作為一種良好的促銷措施。例如：

1. 舉行聯誼活動。主要與聾啞學校或幼兒園聯合舉辦。
2. 招收殘疾人員為公司工作同仁。
3. 支持社會活動。如為體育比賽、某些盛會提供飲料等。

4.免費供應食品。在節假日爲特殊工作崗位的執勤人員提供食品。

5.安裝便民設施。在附近裝設有公司標誌的大型太陽傘等。

6.設置垃圾桶。在餐廳週圍及大型公共場所設置帶有本公司標誌的垃圾桶，提醒大家熱愛公共衛生，週圍還可貼上餐廳位置的指示牌。

7.在餐廳設有募捐箱或進行義賣活動。

七、電話促銷方法

1.一有電話，立即「您好，這是×××餐廳」。

2.禮貌友善，正確迎客。

3.必要時做記錄。

4.來電如是訂餐，要把握機會促銷：

⑴講明位置、交通方式。

⑵記錄姓名和電話。

⑶接單、產品名稱。

⑷重覆所點內容。

⑸誘導銷售。

⑹詢問是否要調味品或發票等。

⑺告之大概所需時間。

⑻記錄在促銷本上(包括金額)。

⑼若是外送，派靈活的員工送餐。

⑽帶上吸管、紙巾、調味料、收款收據(或發票)等。

⑾必要時員工可以做短暫顧客訪談，帶回信息。

八、廣告促銷方法

1.提高各種廣告宣傳標誌的明顯度

各餐廳必須將公司招牌、門面等，予以明顯的告知。

(1)招牌：餐廳在裝修時有鮮明、耀眼的門面招牌，以吸引來來往往的行人。

(2)廣告燈柱：在餐廳不遠處的一塊空地上豎起一根本餐廳的廣告燈柱，以吸引那些不能看見門面招牌的行人。

(3)廣告燈箱：在主要幹道上伸出一廣告燈箱，說明去餐廳的方向及可到達時間。

(4)櫥窗：走廊邊牆壁上設置廚窗，擺放促銷樣品及誘人的餐廳菜譜圖案。

2.做好媒體關係

媒體報導是公共宣傳的主要方式，是餐廳宣傳的絕妙機會。餐廳應當正確認識媒體的作用，讓媒體的報導有利於餐廳，避免負面報導。爲此，餐廳應當向媒體提供正確快速的資料，保持友善態度。

(1)當新聞媒體打電話來訪問時，並做到：

①熱情接聽。

②反應友善，但不必要照其所要求執行。

③回電回答。

④立即聯繫上司。

(2)當接受採訪時：

①問題由記者提出，但沒有義務回答所有的問題。

②你是專業人員，而不是記者，記者的專業素養不如你，在這方面你是權威應受尊重。保持鎮靜。

③儘量直接回答問題。

④提供正面的信息。

⑤保持誠實。

(3)當決定處理媒體記者的要求時，應該防止：

①對記者的問題反應過度。

②阻止報導。

③告訴其所瞭解事件之處的信息。

④討論有關銷售、利潤、銷售量、存款等保密資料。

⑤參與的商業刊物。

⑥討論餐廳營運或和記者評論促銷活動，交易情形或其他事項。

⑦勿做所謂「不可奉告」之類發言。

⑧不要認爲你在該媒體上做廣告，記者就會替你做宣傳。

3.廣告媒體的選擇

選擇什麼樣的廣告媒體，取決於你的促銷目標、媒體的優缺點。不同廣告媒體的比較見表 4-1。

九、餐廳代表的促銷

本連鎖店餐廳中有一些專職促銷代表，專門從事促銷活動，如組織小朋友做遊戲，去社區搞活動等，該餐廳代表員對餐廳的銷售工作具有很大的促進作用。

1.餐廳代表的工作

(1)履行主人的責任，確保每位顧客有愉快的用餐經歷。

(2)分派小禮物給小朋友。

(3)以「耳目」的形式，負責監督 QSCV 目標。

(4)運用人際關係，處理顧客投訴。

表 4-1　不同廣告媒體的比較

宣傳媒體	優點	局限性
報紙	①馬上引起注意 ②當地的焦點 ③大眾媒體 ④在購買前經常看到 ⑤可進入不同種族的市場	①費用高 ②傳閱量少
雜誌	①選擇性 ②顏色印刷質量好 ③保存時間長 ④傳閱量大	①不能馬上傳遞信息 ②增加營業額的速度緩慢 ③費用高
電視	①動態的視聽設備 ②可以選擇且大部份市場都可以收到	①費用高 ②信息傳播時間短
收音機	①特殊的市場會收到 ②高頻率的媒介 ③良好的宣傳媒介 ④適合於駕車人士 ⑤當地的焦點	①廣播站的數量及聽眾有限 ②受眾覆蓋面小
直接郵寄	①可選擇的媒眾 ②可以追踪反饋 ③地區和製作比較靈活	①受眾檔案難建立 ②受眾覆蓋面小
戶外招牌	①覆蓋範圍大 ②頻率高 ③地區選擇具有靈活性 ④適於定向信息	①局限於簡要的信息 ②費用高
餐廳內	①費用低 ②製作具有靈活性 ③分發資料的多少具有靈活性	①排除非餐廳內顧客 ②在店內持續地進行分派容易造成重覆。

(5)和社區聯繫，交換名片，更新檔案。

(6)監督 P.O.P 店內，保養店內各種廣告用具。

(7)制定並執行裝飾計劃，保管好裝飾品。

(8)組織促銷活動，如店內參觀，生日促銷會等。

(9)鼓勵公司進行電話訂餐。

⑽促銷零售贈品。

⑾與員工溝通，讓員工參與促銷。

⑿與學校保持聯繫，介紹計劃，建立學校檔案。

⒀協助招募，與顧客交談時，留意合適人選。

⒁巡察商圈，開車朝各方向三分鐘。是否有障礙和機會。

⒂和管理組一起制定地區推廣行動計劃。

2.餐廳代表的素質要求

⑴自我發展目標明確，並且極有創意，足智多謀，做事條理清晰，有條不紊。

⑵有廣泛的社區關係。

⑶容易結識新朋友。

⑷熱愛人類和家庭。不管是老年人或中年人，皆可成為你的朋友或知己。

⑸當一名很好的聆聽對象，並且口才也不錯。

⑹有著無限的工作熱情。

十、生日會促銷

生日會是本餐廳針對兒童市場常用的促銷形式，在全世界的促銷效果，證明了它的成功。其程序如下：

1.洗手

2.準備生日會

⑴裝飾。裝飾場地，把每個小朋友用的生日會墊盤紙、帽子、

小禮物、紙巾等擺在桌上。

(2)安排必需物品，把蛋糕拿出來解凍，插好蠟燭，寫好小朋友的名字，安排好所有的必需物品，以便生日會順利進行。

3.主持生日會

(1)歡迎客人。在門口歡迎人到來，引座，在小朋友的帽子或名簽上寫下他們的名字。

(2)點膳。接受父母或小朋友的點膳，在準備產品時，組織遊戲或活動。

(3)娛樂。在彙集產品時，組織遊戲或活動。

(4)呈上食品。

(5)收款。

(6)娛樂。再做遊戲。

(7)端上蛋糕。點蠟燭，唱生日快樂歌，把剩下的蛋糕分給生日會上的小朋友。

(8)打開禮物。送上餐廳禮物。

(9)感謝顧客。

4.生日會後

(1)清潔打掃。

(2)追蹤生日會。

十一、店內參觀促銷

1.洗手。

2.準備。通知值班經理做好衛生。

3.歡迎客人。

4.向顧客介紹。介紹 QSCV 標準、歷史，提醒客人不碰機器設備。

5.帶領參觀。對參觀的地區加以解釋說明,保持隊伍井然有序,不要失控,響亮而又清晰的講解。

6.回答問題。

7.招待客人。

8.感謝客人。

表 4-2　本連鎖店的節日慶典摘錄表

一月	二月	三月	四月
新年	情人節	聖帕特裏克節	收稅日
帽子節(15 號)	聖燭節(2 號)	復活節前的星期日	全美籃球賽
馬丁路德‧金誕辰 (16 號)	預防犯罪週	復活節 John Applesee Day	自行車安全週
	薄餅週	防毒週	
五月	六月	七月	八月
五一節 Cinch demayo(5 號)	國旗日	冰淇淋日	美國家庭日
母親節 軍人節	父親節	國慶節	微笑週
紀念節	畢業典禮	櫻桃節	MD 捐款日
家庭日		太空週	
寵物日			
九月	十月	十一月	十二月
勞動日	防火週 (設法逃生)	選舉日	聖誕節
祖父母節	糖果節	兒童圖書週	新年前夜
好鄰居節	萬聖節前夕	退伍軍人節	
返校日		家庭週	
緊急事件救護日		感恩節	

第 *5* 章

速食店的顧客滿意服務

　　對顧客來說，僅有高質量的食品是不夠的，讓顧客滿意還要取決於美觀整潔的環境、真誠友善和快速迅捷的服務、準確無誤的供餐、高品質的產品。

一、顧客關係十大注意事項

(1)顧客不是員工爭論的對象。

(2)顧客有權享受本店所能給予的最優秀的服務。

(3)顧客有權希望本店員工具有整齊清潔的儀表。

(4)當顧客告訴要求，員工的職責就是去滿足他們的要求。

(5)顧客是我們生意的一部份，不是局外人。

(6)顧客的光臨是本店員工的榮譽，不要認為是我們給予他們恩惠。

(7)員工應有本店是依賴顧客而生存的意識。

(8)顧客是本店生意中最主要的人員。

(9)顧客不是盈虧的統計數字，而是和員工一樣，具有生機勃勃、有情感的人。

二、顧客滿意的標準

⑴提供顧客期望的產品。

⑵有效快捷地處理顧客的投訴。

⑶準確——第一次就確保準確。

⑷個性化接觸，像對朋友一樣。

⑸提供快捷的服務。顧客等候時間不超過 2 分鐘，服務不超過 1 分鐘，員工應爲此而努力。

⑹出乎意料、超出期望、印象深刻的服務，使顧客感到自己很特殊。爲此，要做到：

①有笑容。

②打招呼，問候。

③授權員工顧客滿意。

④特別對待小朋友。

⑤特製點膳。

⑥滿足顧客需求。

三、找出「沉默的投訴」

⑴借用「道具」接近顧客。

⑵微笑、自然、友好地眼看顧客。

⑶介紹自己，推銷餐廳另外的服務。

⑷不分時間、不分地點、隨機與顧客交談。

⑸詢問顧客對品質、服務、環境等的感覺如何。

⑹詢問並記住顧客姓名。

(7)詢問是否常來及喜歡吃些什麼。

(8)把握時間 1～2 分鐘。

(9)提供孩子生日、訂餐等服務。

(10)不佔用令顧客不適的空間。

(11)口腔要衛生，沒有口臭。

四、有特殊需求的顧客

對於有特殊需求的客人，應給予特殊照顧，並為他們提供針對性的服務，是本店員工應盡的職責。

(1)父母帶幼兒：幫助他們拿餐盤和高腳椅。

(2)小孩：不要在櫃檯前忽略他們，對他們要尊重，洗手間有小孩專用小便器，餐廳設兒童遊玩區。

(3)常客：瞭解他們的名字，事先準備好他們的所需品。

(4)老人：幫助開門，拿餐盤等。

(5)特殊點膳的客人：高興地滿足他們的要求，若顧客需要額外的調味品，將調味品送到顧客的桌上。

(6)殘疾顧客：幫助開門，拿餐盤，扶持上座。

五、顧客受傷的處理

(1)記下姓名、地址。

(2)急送醫院。

(3)描述事件。

(4)記錄受傷性質。

(5)記下醫生和醫院。

(6)受損財物、預估費用。

(7)找出目擊者。

(8)分散顧客。

六、顧客的保全服務

(1)顧客遺忘在本店的物品：員工首先幫其保管，當有失主來取時，主動送還，或根據電話進行聯繫。

(2)小孩在本店迷失時：接待員應首先照顧好小孩子，並立即著手尋找其父母。

七、處理顧客投訴

對於顧客投訴的原則是：顧客永遠是對的，是上帝。因爲顧客投訴是顧客再次光臨的機會，所以應謹慎處理。其處理程序和辦法如下：

(1)立即反映，認真處理。

(2)保持信心與自控。自控的辦法如下：

①做幾次深呼吸。

②應設身處地地爲顧客著想。

③花點時間仔細聆聽。

④找出顧客的真正需要。

(3)對待顧客應友善禮貌。

(4)表示照顧、關心、同情。

(5)聆聽投訴。

(6)尋找潛在問題。

(7)向顧客道歉。

(8)感謝反映。

(9)送貴賓卡。

⑽進行事後追蹤、落實。

八、顧客意見跟踪

要重視顧客的意見。參考顧客意見跟踪表。

表 5-1　顧客意見跟踪表

餐廳名稱：＿＿＿＿＿＿＿＿＿	
顧客信譽：＿＿＿＿＿＿＿＿＿	
顧客投訴日期：＿＿＿＿＿＿	
接　待　人：＿＿＿＿＿＿＿＿	
時間和日期：＿＿＿＿＿＿＿	
顧客反應	
餐廳的回覆	
餐廳內行動計劃	
餐廳經理核實	

此表格必須在二天內完成，並拷貝給當地的地區督導。

表5-2　顧客意見卡

歡迎光臨×××餐廳！為了提供您更好的服務，如您花數分鐘，回答下列問題，以協助我們更瞭解您的需要與意見，可以讓我們下次做得更好。

1.您認為×××餐廳

	是	否	不知道
(1)服務			
①快速有效			
②親切有禮			
③準確提供食品			
(2)品質			
①食品好味道			
②食品熱			
③食品新鮮			
④飲料够冰凉			
(3)環境衛生			
①餐廳環境清潔			
②食品包裝清潔			
③冷氣機舒適			
④音樂的音量適當			
⑤廁所清潔			
(4)價值			
①價格			
②價格物有所值			
(5)其他			
①餐廳地點方便			
②小孩喜歡的地方			

2.包括您自己在內，今天您與多少人到漢姆？

(1)就您自己

(2) 2個

(3) 3個

(4) 4個

(5) 5個或以上

續表

3.您今天和那些人一起到餐廳？
(1)就我自己
(2)丈夫和太太
(3)孩子
(4)爸爸
(5)媽媽
(6)其他親戚
(7)同事
(8)同學
(9)朋友
(10)其他人

4.您隔多外才到×××餐廳購買食品？
(1)一週四次以上
(2)一週兩到三次以上
(3)一週一次
(4)一個月兩到三次
(5)一個月一次
(6)兩到六個月一次
(7)七個月以上一次
(8)第一次

5.除了××餐廳以外，您過去的四星期內最經常到的其他快餐廳是＿＿＿＿。
6.您隔多長時間才到其他餐廳購買食品
(1)一週四次以上
(2)一週兩到三次以上
(3)一週一次
(4)一個月兩到三次
(5)一個月一次
(6)兩到六個月一次
(7)七個月以上一次
(8)第一次

續表

7.您爲什麼到其他餐廳
(1)食品味道好
(2)服務好
(3)環境衛生
(4)價格合理
(5)餐廳地點方便
(6)小孩喜歡去
8.請您想想最近三個月有沒有看到過×餐廳的電視廣告？
(1)有
(2)沒有
您對廣告的感覺是
(1)喜歡
(2)不喜歡
9.您屬於那個年齡段
(1) 14 歲或以下
(2) 15～19 歲
(3) 20～24 歲
(4) 25～34 歲
(5) 35～49 歲
(6) 50 歲以上
10.顧客性別
(1)男
(2)女
11.您到×的時間
(1) 7～8 點
(2) 8～9 點
(3) 9～10 點
(4) 10～11 點
(5) 11～12 點
(6) 12～13 點

續表

| (7) 13～14 點 |
| (8) 14～15 點 |
| (9) 15～16 點 |
| (10) 16～17 點 |
| (11) 17～18 點 |
| (12) 18～19 點 |
| (13) 19～20 點 |
| (14) 20～21 點 |
| (15) 21～22 點 |
| (16) 22～23 點 |
| (17) 23～24 點 |

心得欄

第 *6* 章

速食店的人員招聘

> 速食連鎖餐廳有兩類人員，管理人員和普通員工。這兩類人員均需經過初步篩選，面試，管理人員應聘還要通過筆試，能力測試，現場測試等測試手段進行進一步測試。

一、管理人員的招聘

對管理人員的招聘工作，主要把握兩點：招聘程序和對應聘人員的測評方法。

1.招聘程序

(1)發布招聘啓事。在招聘啓事中，要註明招聘的工種、工作性質、所需員工條件、福利待遇、計劃招聘人數等。

(2)應聘者填寫應聘表格，提供必要的應聘材料，包括簡歷、推薦信、專業技術證書，獲獎證書等，應聘材料只要求提供複印件。

(3)由人事經理從眾多的應聘者中選擇符合條件的人員，通知其前來面試，在面試時，除了進一步篩選出符合面試條件應聘人員外，人事經理還有責任向應聘者說明發展的機會、潛在的挑戰、薪水水準、提升的機會、工作職位的可靠程度、工作的局限性或不利的方

面等，以便提供一個公平的雙向選擇的機會。

⑷人事經理初步面試完後，還要根據情況採取筆試、能力測試、現場測試等可以實施的測試手段，進行進一步的測試。

⑸選擇初步面試合格和其他測試合格的人員，報請總經理進一步面試，由總經理決定錄取與否，把結果反饋人事經理。

⑹由人事經理對候選人提供的材料予以查對和核實。此時，要求被預備錄用的人員提供應聘材料的原件，如學歷證書、技能等級證書等。如果有弄虛作假者，立即取消被錄用的資格。

⑺通知其本人進行體檢，體檢合格者將被正式錄用。

2.招聘錄用的測評方法

招聘測試的方法一般有面試、筆試、能力測試、現場測試、行爲測試等。其中，面試是必不可少的一個測試環節，其他測試方法可以根據快餐店現有的條件來選擇。

⑴面試。

①面試的場所。

· 安靜、清潔。

· 分成兩間，一間等候室和一間面談室，有攝影機最好。

②面試的方法。

· 觀察法。在等候室由人事工作者觀察、記錄、引入。

· 交談法。由招聘考官在面談時進行。

③面試的內容

主試者（一人或多人）可以以各種問題，面對面地詢問應聘者，並要求當即以口頭方式作答。它可以直觀、機動、靈活地考察應聘者多種能力，直接瞭解應聘者的個性、動機、儀表、談吐、行爲及知識水準。例如：

· 你在原工作職位的具體職務和職責是什麼？

· 你在工作中取得了什麼成績，請談談工作與成績有何關係？
· 如何能證明這些成績，有無證明材料或見證人？
· 取得這些成績您付出了多大努力？
· 其他人的貢獻是什麼，是誰？
· 關於您的工作您喜歡什麼，不喜歡什麼？
· 你為何要調換工作？
· 你為什麼選擇我們公司？
· 原工作的薪水水準、福利待遇如何？
· 和同事如何相處？
· 參加過何種愛心活動？

④面試的目的。
· 面試目的是為了瞭解應聘者如下一些素質和特點。
· 興趣與愛好，專業特長。
· 儀表風度，體格狀態，穿著舉止。
· 自控能力，理智與耐心，道德和品質。
· 工作期望、事業心，進取心。
· 反應、分析、口頭表達能力。

⑤主考官的素質要求。
· 掌握相關的人員測評要求。
· 瞭解公司狀況及工作崗位空缺。
· 公正、公平。
· 能運用各種面試技巧。
· 豐富的工作經驗和應變能力，能使氣氛活躍。
· 具備相關的專業知識。

⑥面試結果的評價。
· 將面談取得的信息加工、分析，最後記分。

(2)筆試。

• 應聘者在試卷上筆答試題或判斷結果。它可以有效地測量其基本知識、專業知識、管理知識、綜合分析的能力和文字表達能力等。它對應聘者心理壓力小，易於正常發揮，成績評估公正客觀。

①筆試種類。

• 論文式筆試：按指定的題目和提示範圍，通過寫論文表達其所具有的知識、才能和觀點（如何在本工作崗位上開展工作）。

• 測驗筆試：主要通過直接問答填空表達等，讓應聘者表達自己的學識和記憶（相關專業知識、理論）。

②筆試的實施。

• 命題：既能測量其教育文化程度，又能表現其工作能力。

• 擬定標準答題：制定統一的評閱記分尺度。

• 評閱：按照「標準答案」和評分規則記錄分數。

③筆試地點和時間的選擇。

• 在空閑時把應聘者召集到培訓室統一進行筆試。

(3)基本能力測試。

基本能力測試可以採取以下兩種具體測驗方式：

①劃字測驗。

這種測驗方式用於測定應聘者的注意力集中、分配和轉移的能力。測驗方式描述如下：一張數字表格，共 20 位，每位 50 個數字，要求被試者將 8 字後面的 5 字劃掉。例：743285658692385 一分鐘為限，第一行從左到右回到第二行再從左到右，反覆如此，直至主考官叫停。劃對的數之和爲得分，劃錯的加上劃漏的稱爲失誤。

$$淨分＝得分－失誤$$

$$失誤率＝失誤/(得分＋失誤)×100\%$$

②記憶測驗。

這種測驗方式用於測定應聘者的記憶與動作的協調能力。例如，下面共有四排數字或字符，要求在一分鐘內記憶，最後通過得分率來判斷記憶能力。

5	12	8	34	12	7	9	4	52	41
7	3	25	11	6	95	43	11	52	3

3	8	14	29	2	4	7	11	16	21	8	3	2	7	23
8	10	41	20	25	6	7	3	4	11	29	21	14	8	3

(4)工作現場測試

通過應聘者在工作現場實際操作，來考查其行爲能力。

①測試地點。

・選擇在餐廳。

②測試時間。

・晚、中、早三個班次共三天。

③測試內容。

・清潔：掌握其標準性與耐心。

・SKIN(安全保證，定期從收銀機取出一定數量 100/50 元大鈔)：考驗其記憶操作能力。

・擦洗油烟機：判斷其吃苦耐勞能力。

・櫃檯服務：暸解其服務意識，顧客滿意意識。

・盤點：觀察其對數字的敏感性與準確性。

④測試程序

・對餐廳略作介紹。

・訓練員先教其工作一個內容。

・讓其做，在一旁觀察、記錄當天績效。

‧當天工作結束時經理與其溝通，並記錄。

‧三天後作一次總結，讓應聘者填一份總結試卷後，店經理與其溝通。

‧店長把評估結果告知人事部，人事部通知總經理核實決定錄取與否。

(5)行爲模擬測試

行爲模擬測試法也稱情景模擬法。它是一種在設定情景中，讓應聘者扮演相應的職務角色，從而考查其行爲能力的方法。這是在現場測試法無條件進行時的最佳替代方式。

①模擬方式。

可以讓應聘者扮演值班經理和顧客兩種角色。

由公司簡單模擬一個餐廳，應聘者扮一個值班經理的角色。現有一名顧客因品質問題投訴，或見一名員工在發牢騷，工作標準極低。值班經理如何去處理。

由應聘者作爲一個顧客，去餐廳用餐，指出餐廳的優缺點，並如何去改進。時間選擇假定爲營業高峰期。

②模擬評估

由專業人員事先準備好試題及標準答案，以此作爲評分依據，由主考官進行。

3.錄用

主考官根據以上各項測評、面試的成績，按比例相加，其中管理能力與動手操作能力的比例要高些，從高分依次錄取，把錄取人員名單報請總經理，總經理審核後把最終名單告知人事部，人事部通知其體驗，合格後等候上班時間。

4.職前述職

在正式上班前，要對新招聘的管理人員進行職前培訓。培訓結

束後，在正式上崗前，主管應要求新管理人員進行職前述職，以便強化新管理人員的崗位意識。述職的內容包括：崗位名稱、直接上級、直接下級本職工作、須負責任、主要權力、工作範圍、職務素質要求、待遇和報酬。

二、員工的招聘

員工需求量大，素質要求相對低一些，所以難以像招聘管理人員那麼嚴格。只要經過初次篩選和一二次面試即可。每月制定出招聘需求計劃，每週舉行一次招聘，爲了有個較穩定的工作隊伍，須招一定量的全職人員，保證其每週工時 40 小時，隨時排班。

具體招聘程序和招聘要領如下：

1.制定招聘計劃

招聘計劃包括擬招聘的工種、人數、素質要求等，可適當照顧殘疾人員，男女比例要恰當。

2.貼出招聘啟事

招聘計劃經店經理批准後，貼出相應的招聘啓事，管理人員可在人才招聘市場，服務人員可在職業介紹所，或通過員工引薦，同時在餐廳處貼出大幅招聘啓事，設一個信箱或標明通信地址、聯繫電話。

3.篩選人員

由秘書根據公司的要求，對手中的應聘表格粗略篩選，通知中選的人員進行一次面試，由本公司富有經驗的管理者進行面試，以面談爲主，必要時進行筆試。面試要領如下：

(1)面試人員應表現出良好形象，這是代表公司留給顧客的第一印象。

(2)面試人員首先自我介紹，包括工作內容、性質、責任、福利等。

(3)面試地點以靜爲主，避免干擾。

(4)面試時以應試者談爲主，佔 85%。面試人應採用啓閉式問話：如過去工作、待遇、離職原因等。

(5)面試結果暫不公佈，告知需要時會通知他們。

(6)面試人員從以下四個方面問話，保護個人隱私。

①是否具有良好團隊合作精神

・描述一個你和他人合作成功的列子。

・在工作中，你和同事意見不同時，你如何處理？

・描述一個你幫助別人，讓他感到高興的例子。

・你認爲同事之間應該如何相處，爲什麼？

②是否具有良好顧客滿意意識

・請問你是否有商業服務的經歷？請介紹。

・請問你如何服務一個客人？

・讓你打掃衛生間，你認爲如何？

・你認爲現在社會上商業服務態度如何？標準是什麼？

③是否具有良好體質與精神狀態

・通常你是如何去完成一項工作的(注意步驟)？

・描述一個中途改變計劃的例子，爲什麼改變，你如何對待？

・你一天工作幾個小時，最長多少，累嗎？

・人生中，你有很大收穫或教訓的例子嗎？

④是否具有較高的工作標準

・你爲什麼選擇這份工作？

・請介紹一下你單位或學校狀況。

・描述一個把工作處理滿意的例子。

・工作遇到困難時，你如何對待？

• 舉一個失敗的例子。

• 業餘時間，你做什麼？

⑤是否能夠提供相對多且時段好的工時

• 你一般在什麼時間可以來上班？

• 如果我們安排你不太喜歡的時間來上班，你覺得如何？

4.店長覆試

根據第一次面試結果，逐個通知合適人員，由店長根據協議好的時間進行第二次面試。挑選出符合公司要求、本人又有意參與的應聘者。

5.審核

經店長覆試後選中的人員，由秘書根椐提供的資料進行核實，把核對結果報請店長，店長確認後將決定錄用人員並反饋人事經理。

6.通知

人事經理請秘書對錄用人員逐個通知，告之報到的時間和地點。報到時需帶好身份證及其複印件等各種應備證件，還有制服押金 400 元。學生只需學生證，免其他證件。另外，如通過銀行發薪水還須一個銀行帳號。

7.召集

根據約定的時間召集錄用人員，由經理率領觀看錄影節目，並向新員工做介紹如下一些內容：

(1)你的工作。

(2)工作時間。

(3)付薪日及方式。

(4)制服。

(5)整潔。

(6)個人衛生。

(7)安全健康。

(8)公平待遇。

(9)職務調動。

(10)請假。

(11)學習。

(12)溝通。

　　介紹完畢後，告訴新員工不必緊張、公司為他們準備了什麼，然後帶員工巡視餐廳一遍，逐個介紹，強調服務行業的微笑、快速、優質服務。最後收取證件、押金，發制服，建立人事檔案，通知上班時間。上班後首先進入崗位培訓。

8.招聘見習經理

　　至於招聘見習經理，則要注重測試程序。

表 6-1　　應聘表

姓名	(中文)	性別		身份證編號	
	(英文)	血型		籍　　貫	
家庭住址				電　　話	
出生日期				出　生　地	
婚姻狀況				配偶姓名	
緊急聯絡人	姓名		關係		電話
	地址				

可工作時間： 星期 始於　　　止於 住處距離＿＿＿ 每星期上班總時數＿＿＿ 交通方式＿＿＿	一　　二　　三　　四　　五　　六　　日

應徵職位：　　　　　　　　　　　　有何特長＿＿＿＿＿＿＿＿＿＿＿
　　　　　　　　　　　　　　　每小時希望薪資＿＿＿＿＿＿＿＿＿＿

教育程度	時　間	學校名稱(包括職業教育)	專　業	證　件

工作簡歷	時　間	單　位	職　位	工　資	離職原因

健康狀況
有沒有足以影響工作的疾病，如有請說明：

本人允許表內所填各項，如有虛報事情願受解職處分
　　　　　　　　　　　　　　　應徵人簽名：＿＿＿＿＿＿＿
　　　　　　　　　　　　　　　日期：＿＿＿＿＿＿＿

表 6-2　招聘見習經理(OJE)工作現場測試程序

(一)班前簡介
1.講解班表、注意事項和付薪辦法。
2.訓練系統。
3.福利。
4.工作職責(經理)。
5.隨手清潔。
6.向餐廳員工介紹。
7.看櫃檯錄影節目。
8.告之目標。
9.請員工配合(清潔區域)。
10.觀察適應與接受能力、管理技巧(飲料、備膳)。
11.觀察力(觀察午餐運營時段)。
12.討論,提出問題。
(二)工作崗位與工作職責現場測試
第一天:16:00～打烊結束
1.確定參觀餐廳的方向和路線。
2.參觀餐廳。
3.學習櫃檯。
4.用餐。
5.營業高峰時間在櫃檯備膳。
6.學習薯條工作站。
7.經理與工作人員一同完成 16 項目的盤點。
8.用餐。
9.學習一個打烊的工作站。
第二天:10:00～19:00
1.討論「值班檢查表」。
2.完成大堂的巡視。
3.管理高峰時段大堂。
4.用餐。
5.訓練一個員工薯條工作站。
6.學習煎區工作站。

7.撿大鈔。 8.服務區的巡視。 9.用餐。 10.服務區「飲料」及「備膳」。
第三天：6：00～15：00
1.學習開鋪流程。 2.用餐。 3.檢查大堂，維護清潔，記錄問題並解決。 4.學習做顧客訪談。 5.學做炸區工作站(薯條)。 6.用餐。 7.填寫心得。 8.總結。
(三)總結
1.總結三天工作情況(瞭解與表達能力)。 2.在一天當中，經理是否坐下來和您討論您的工作情況，並且回答您的問題。如果是，請描述與經理談話內容。 3.從您目前的工作情況，您對工作的工時數有何看法，您希望每天工作多少小時，一星期工作幾天，您希望上夜班的比例是多少，多少週末？
(四)評分
1.顧客滿意。 2.工作標準。 3.個人的領導能力及教練。 4.解決問題能力(分析及判斷能力)。 5.經營管理能力。 6.文字表達能力。 7.能否抓住問題關鍵。 8.體能與耐性。 9.溝通能力。

第 *7* 章

速食店的人員訓練

　　速食店總部應把人員訓練當作企業運作的一部份，把它作爲餐廳長期任務，擁有一套嚴密的訓練體系，總部應在各地區分別設立級別不同但相互銜接的地區培訓中心。

一、人員培訓的主要問題

1.培訓的時機
一般在下列情況下，根據需要開展有針對性的訓練活動：

(1)工作上崗前需要培訓。

(2)新産品推出前需要培訓。

(3)職位轉換前(各種職位的候補人員、頂替人員)需要培訓。

(4)員工昇遷、晋級前需要培訓。

(5)提高員工素質需要培訓。

2.訓練的目的
　　提供具有傑出的品質、服務、清潔水準，以獲得令人鼓舞的營業收入增長和最佳利潤。

3.訓練的目標

(1)進行企業方針政策規章制度的培訓，使員工掌握企業的共同語言及行為規範。

(2)通過技術和技能的培訓，讓員工儘早掌握工作要領、工作程序和方法，提高工作表現。

(3)通過培訓使員工提高工作技能，並具備多方面才幹。

(4)通過培訓減少工作失誤，提高工作質量和效率。

(5)通過培訓建立良好的工作環境和工作氣氛，提高員工的工作滿意度和成就感，增強凝聚力，穩定員工隊伍，這也為激勵員工提供了一個好的機會。

(6)通過培訓使下屬能準確地掌握和理解上司及企業的指示。

(7)通能過培訓使管理人員成為企業需要的職業經理，更出色地管理餐廳，提高工作能力。

4.訓練的結果。

提高員工的表現，降低員工離職率。

5.訓練的原則

(1)提綱挈領、重點突出、注意跟蹤、注重實效。

(2)重要的問題不是我們給員工講了什麼，而是做了什麼，做得怎麼樣。

6.學習的原則

(1)第一次學的東西最牢。

(2)學習新事物進行舉一反三。

(3)學習結果需要反饋。

(4)在有趣、刺激的環境中學得最好。

(5)經由不同活動或新的事物，可達到最好效率。

二、對培訓師的培訓

1.管理新理念

(1)盡可能把日常工作的機會，看作是對部下的培訓，是上課而不是勞動。

(2)把公司的面孔變成老師的笑容，換來的是下級的尊敬和感激。

(3)老師若能變成教練，下級就會邀你一起去領獎杯。

2.培訓程序及培訓要求

(1)培訓大綱和培訓教案的編制

(2)培訓前的準備

①教室準備：乾淨、明亮、整齊。

②座位安排：便於學員與講師交流。

③教具準備：視聽教具良好狀態，筆。

④問題準備：教師提的問題，學生可能提的問題。

⑤教材準備：事先印好、裝訂好。

⑥心態準備：提前使自己冷靜下來，準備好開場白。

(3)建立自信心

①儀表要整潔。

②聲音要宏亮，語言要清晰。

③對學員負責，對培訓負責。

④不要顯得慌張，要駕馭整個培訓過程。

⑤節奏不要快。

⑥把自己的專業水準、素質作爲課堂的控制手段。

(4)鼓勵學員參與

①學員的參與是學習的操作、引起學習的興趣。

②給學員時間演練或關鍵。

③鼓勵學員提問，給予適當的肯定答案。例如，「這個問題的角度新穎，這是一個好的想法。」

④創造一種自由提問題和回答的學習氣氛，避免學員感到尷尬。

(5)控制

①不要讓一、二個人壟斷課堂。例如，「謝謝王先生的想法，我想聽聽李先生的想法。」

②提問題的時間儘量不要影響整個課程的進展。

③保證完成課堂教學任務、計劃。

(6)給予反饋

①在技巧培訓課中，務必讓學員瞭解到他完成的程度。

②指出能完善操作的關鍵。

(7)總結

①綜合歸納，課堂所講的內容，找出並強調重點，便於學員記憶。

②指出對學員在今後工作中如何有效地使用知識、技巧的期望。

3.培訓內容

(1)如何做培訓展示

①儀表整潔。

②有自信心。

③目光交流。

④微笑。

⑤聲音洪亮。

⑥有節奏感。

⑦融洽的氣氛。

⑧控制好時間。

⑨組織好內容。

⑩注意整體形象。

(2)如何進行知識培訓

①介紹題目

・參照有關標準。

・瞭解學員對此題目的瞭解程度。

・說明此課與學員切身利益的聯繫。

・事先通知要考試。

・講解專業名詞。

②內容講解

・不要超過五個要點。

・按步驟並注意邏輯性的講解。

・使用視聽教具。

③內容理解

・學員提問。

・教師提問。

・解決重點問題。

④總結

・重點要點。

・補充某些新內容。

・發教材或參考資料。

⑤考試

・只考所講的要點。

・考的範圍要廣。

・口試或筆試。

⑥告知下堂課的內容

・留作業。
・爲下節課作準備。
(3)如何進行技能培訓
①準備
・復習操作程序。
・準備有關工具、資料。
・簡介該工作站。
・檢查設備完好、材料充足。
・創造一個輕鬆的氣氛(說笑話、拉家常)。
②介紹
・題目。
・該題目培訓與個人利益的聯繫。
・講解有關專業名詞。
③展示
・按標準步驟展示，高標準。
・邊展示邊講解，清楚。
・關鍵步驟要慢，並解釋其原因。
・強調消毒與安全程序。
④操作
・培訓師應讓學員操作所有程序。
・培訓師應讓學員解釋動作及原因。
・培訓師應仔細耐心地教導學員。
・應稱讚學員正確的操作程序，並鼓勵學員樹立信心。
・培訓師應及時糾正錯誤。
・培訓師應注意到是否需要再次示範特定的程序。
・培訓師觀察學員遵循所有的安全和消毒程序。

· 培訓師應一直陪著學員，直到他能在沒有監督的情況下操作該程序。

⑤評估

· 學員自先評估。

· 學員相互評估。

· 訓導師評估。

· 評估以肯定意見開始。

· 建議性意見要有限。

⑥總結

· 重覆要點。

· 補充新內容。

· 通知學員下一課內容。

三、管理人員的培訓

管理人員的培訓，主要包括下列培訓類型。每一類培訓的培訓時機、培訓方式、培訓要領和培訓內容都不相同。

1.進入餐廳前的職前培訓

⑴培訓對象

還末上班的新管理人員。

⑵培訓目的

掌握公司的基本政策、餐廳管理的基本知識。

⑶培訓時機和培訓師

上班前，共 1.5 小時，由專業培訓教師培訓。

⑷培訓場所和培訓方式

在地區培訓中心，錄影、課堂講解實地考察相結合。

(5)培訓資料

員工手冊、管理人員手冊及其他相關資料。

(6)培訓內容

①基本政策的培訓

價值觀、經營理念：品質、服務、清潔、物有所值。

公司發展方向：目前餐飲業的發展趨勢，本公司目前的地位和今後的發展方向。

與加盟商的共事原則：總部是以多樣的性情、姿勢、期待與受許人共事，堅持長期永久、互惠互利、一榮俱榮、一損俱損、誠實守信的原則。

企業精神：高效、嚴格、努力、忠誠。

團隊意識：發揮團隊精神、統一行動。

視覺識別系統：如黃、白、紅三色，標識，吉祥物等。

職業道德：品德高尚、遵紀守法、剛毅堅韌、白折不撓、遵守規章、善於學習、講究原則、處事靈活。

文化素質：管理學、心理學、運籌學、營銷學。

②餐廳介紹

・工作內容、工作紀律。

・福利制度。

・開門政策。

・訓練體系。

・薪水情況。

・店內參觀。

2.操作技能的培訓

(1)培訓對象

開業前，全體員工，分批進行；開業後只訓練新員工。

(2)培訓內容與培訓目的

熟練掌握各種產品的製作技術,讓全體人員都能按標準,安全、清潔地提供新鮮的產品。

(3)培訓時機和培訓師

開業前,由公司的專業培訓師培訓;開業後,由餐廳訓練組負責培訓,地區培訓中心給予指導。

(4)培訓資料

各種產品製作的標準手冊,實際操作的錄影節目。

(5)培訓場所和培訓方式

在餐廳進行在職培訓,邊學邊做。

(6)培訓程序

①培訓師事先做好培訓的內容準備:場所、座位、工具、教材、問題。

②展示給學員操作技巧:觀看錄影節目及實際演示,演示時聲音要大、仔細、標準。

③學員試作:引起興趣、肯定學員。

④培訓師糾正:瞭解標準度、指出關鍵。

⑤考核結果:讓學員實際製作一個產品,觀察其標準、時間、口味、外觀、及溝通、合作等情況,對優秀者適當獎勵。

⑥追蹤保持:讓學員把學到的操作技術形成為習慣,讓他們感覺到不這樣做就彆扭。

3.行政職能的培訓

(1)培訓對象

餐廳的所有經理人員,也包括個別專案組長。

(2)培訓目的

通過培訓,使經理們能出色地完成本職工作,保證餐廳水準,

保持營運順暢。

(3)培訓要領

①準備充分，包括資料、工具。

②鼓勵學員參與和提問題，並及時給予解答，必要時要爲學員演練。

③控制場面，盡可能使每個學員都有發言機會。

④對於學員的表現(包括回答問題和實際操作)及時給予回饋，以表揚爲主，並對錯誤給予糾正。

⑤對所教的內容分別以口試、筆試、測評進行考核，考核優秀者頒發合適獎品。這樣做，不但可以激發學員的學習興趣和責任心，還可提高學習效果。

⑥學習結束後，要爲全體學員合照「全家福」相片，表示一個團隊凝聚力的開始。

(4)培訓時機和培訓師

開業前，由公司總部或地區培訓中心負責；開業後由餐廳訓練經理負責。

(5)培訓場所和培訓方式

固定的訓練教室，脫產培訓，開業後採用在職培訓，在餐廳受培訓。具體的培訓方式包括：講座式、實際演練式、角色扮演、在職培訓等。

(6)培訓資料

錄影機，經理手冊，營運訓練手冊及其他政策資料，電腦收銀機。

(7)培訓內容

①組長

・POS 收銀機系統

‧工作站安排技巧及區域管理技巧。

②見習經理

除掌握以上內容外，還需要圍繞以下一些工作職責展開培訓：

‧協助管理開鋪和打烊，間隔法(保持 1 人守電話，1 人開、關門，應付打劫)。

‧掌握產品存放時間、服務速度、產品品質、清潔的標準。

‧值班時管理好現金，計算產品應產率、損耗量、員工工時數。

‧瞭解並實施正確的人事制度、勞工法律、保障及安全措施。

‧檢查半成品的進貨。

‧值班前人員、設備、物料的準備。

‧在工作站訓練員工。

‧運用標準表，評估員工的工作表現。

‧填寫存貨清單，現金記錄表、盤點及存款。

‧執行每天的基本設備的檢查工作，包括溫度和時間的調校。

‧經常與顧客訪談，瞭解他們的滿意程度。

‧運用人際關係和溝通追蹤技巧，像對顧客那樣對待員工。

‧值班時，追蹤增加營業額的有關程序。

‧處理顧客投訴。

‧能够執行所有工作站工作程序，包括維修。

‧在值班期間追蹤維修人員的工作。

③第二副理

除掌握以上內容外，還需要圍繞以下一些工作職責展開培訓：

‧面試、招聘員工、職前企業簡介。

‧訓練員工訓練員，協助訓練員工組長及見習經理。

‧建立餐廳人事資料檔案。

‧評估員工的工作表現。

- 算週報表、分差報告。
- 建立餐廳安全措施，完成安全記錄。
- 採用正確的存款保全和檢查程序。
- 舉辦員工活動、貼出員工海報。
- 制作產品叫製表。
- 當餐廳出現意外，向保險公司索賠。
- 計算餐廳存貨，運用補齊式訂購食物，紙張及營運物料。
- 預算並控制指定的盈虧項目。
- 完成每日、每週、每月的設備校準。
- 在沒有監督的情況下，值班期間都達到 QSCV 標準。
- 記錄並保存所有帳目發票。

④第一副理

除掌握以上內容外，還需要圍繞以下一些工作職責展開培訓：

- 店經理休假期間，全面主持日常事務。
- 根據顧客意見、營運趨勢，制定並實施具體行動計劃。
- 評價經營結果與目標的差距，評估餐廳短期及中期目標的結果。
- 制定每週員工排班表。
- 掌握員工訓練情況。
- 執行員工保留計劃(激勵措施、溝通日)，健全人事檔案。
- 舉行員工大會。
- 執行員工招聘計劃，參與餐廳人力資源計劃。
- 評估員工工作表現，採取一對一溝通方式。
- 協助經理排班表。
- 協助召開經理會議。
- 評估員工組長，訓練員工組長。

- 協助訓練見習經理及第二副理。
- 協助評估見習經理和提供對第二副理的評估意見。
- 開展活動、達到目標、增加營業額。
- 每月分析差異報告，預估差異報告，協助控制所有項目，並具體負責。
- 完成並分析餐廳報告，制定修正性行動計劃。
- 保持所有時間的 QSCV 水準。
- 制定與實施公司與市場推廣活動中有關餐廳部份的內容。
- 節約能源及資源。
- 負責餐廳內所有設備的維修保養計劃。

⑤店長

除掌握以上內容外，還需要圍繞以下一些工作職責展開培訓：

- 排經理班表。
- 召開經理會議。
- 訓練所有經理。
- 錄取員工。
- 對經理進行績效考核、評估。
- 制定餐廳目標、人員發展計劃。
- 分配經理行政組工作。
- 制定營銷計劃，執行促銷活動。
- 預估月營業額，並確認所有營業額存款。
- 對經理的行政工作定期進行稽核。
- 向上級彙報營業狀況，完成各種報告。
- 確定所有人員遵守公司人事政策及保全安全程序。
- 使員工全身心投入到實現百分之百顧客滿意的工作中去，使各個層次的顧客都能獲得滿意的服務。

- 負責餐廳的 QSCV，營業額等項目。
- 將可控制的差異報表保持在預算之內，並分析每月差異報告。
- 在餐廳內實行新產品及新程序。
- 確定固定資產。
- 餐廳內人員薪水的審查，人員福利及發薪等行政工作。
- 確定餐廳的商區範圍，主要競爭對手和生意來源，運用這些資料獲得最佳營業額。
- 確認所有保險賠償都及時並徹底地予以執行。

4.管理技能的培訓

⑴培訓對象和培訓種類

所有的經理都要接受相應的管理技能訓練，不同的管理層次需要進行不同的管理技能訓練。見習經理接受初級管理訓練，第二副經理接受中級管理技能訓練。第一副經理接受高級管理訓練，店長需到國外（如美國的漢堡大學）去深造。

⑵培訓目的

通過對經理初、中、高級管理技能的培訓，使經理們能够更加熟練地運用管理技巧，提高員工工作積極性，降低餐廳營運成本，提高營業收入，增加利潤，使經理們都成爲合格的職業經理。

⑶培訓人和培訓地點

由公司負責主訓，地區培訓中心協助培訓，根據訓練種類決定培訓人及地點。

⑷培訓的形式和場所

主要採取專門培訓方式。專門培訓方式有專一的培訓基地，餐廳負責學員的一切訓練費用（車費、住宿、用餐），還有一定的補貼。訓練基地有良好的訓練教室、訓練器材和培訓師。培訓方式如下：

①研討式：針對一個問題，廣泛發表各自意見，然後總結其要

點各，自掌握。

②現場參觀：與學員到別的餐廳察看環境、操作、標準、挑其毛病，讓學員有一種曝光的感覺。

③講座式：這是最主要的方式，由培訓師根據制定的培訓計劃和培訓內容，解釋並傳授給學員。

④角色扮演：讓學員根據培訓的內容扮演一個角色，如做顧客訪談。

⑤方案選擇：給學員一個典型案例，後附若干答案，每一個答案都標有出現的結果，然後選擇最佳結局，可提高學員的思考能力。

(5)**培訓資料**

經理發送手冊、有關上課所需的材料、道具及視聽器材等。

(6)**培訓的要領**

①準備要充分：場所清潔，資料完整，工具完好，準備好問題，並告之考試。

②培訓有信心：儀表好，聲音大，節奏不要快，充分發揮自己的培訓才能。

③鼓勵學員參與：鼓勵學員親自動手操作，提高興趣，積極發言，適當肯定，適時放鬆，創造氣氛。

④控制：不讓一兩個人壟斷課堂，給每人一個機會，保證完成講演計劃，並通知下一堂課的內容。

⑤給予反饋：以鼓勵爲主，讓學員瞭解到他完成受訓的程度，指出更出色完成任務的關鍵，總結經驗，歸納重點。

⑥考核：定期對培訓內容進行口頭、書面等形式進行考核，培訓結束時評出優秀學員。

⑦發成績單、畢業證書、優秀證書，獎品。

⑧照畢業照，畢業聚餐。

(7)**訓練內容**

• 管理：通過別人完成任務既是藝術，也是一門技術。

• 如何利用領導四分圖：高關心、高組織，對員工和業務都高度關心。

• 領導方式：採取顧問式、民主式、指導式、服務式的領導，而不是專制式和放任式管理。

• 領導者影響力＝尊重×信任。

• 瞭解員工的心理需求並作出相應決策。員工的心理需求包括：認可、自豪感、歸屬感、樂趣感。

• 實現良好的人際關係：尊重他人、傾聽他人意見、與員工談話、讓員工成長、激發士氣。

• 做走動式管理的經理，而不是坐式管理。

• 100%的顧客滿意,顧客訪談和十大顧客信條及處理投訴技巧。

• 人際關係技巧：溝通、追蹤技巧。

• 輔導員工的技巧。

• 降低能源與資源的消耗。

• 降低成本、工時以及提高生產力、應產率的方法。

• 增加營業額的技巧。

• 樹立良好領導風格。

• 注意「防火」和「救火」關係，分清優先次序。

• 適當運用委任授權技巧。

• 如何運用溝通、協調、合作技巧。

• 如何利用餐廳員工有效開展工作。

• 團隊合作、團隊領導、團隊解決問題以及運用團隊領導技巧。

5.**新產品推出的培訓**

(1)培訓目的

使大家能按標準生產新的產品。

(2)培訓人

培訓部負責培訓管理員,管理員負責培訓操作員。

(3)培訓形式

在餐廳進行強化培訓。

(4)培訓方式

①在餐廳培訓室觀看資料、錄影節目、講解。

②現場實地操作,培訓人員先示範,讓員工試作,再糾正。

(5)培訓要領

①看資料、錄影節目時,邊看邊問邊回答。

②實地示範要慢,高標準。

③鼓勵員工試作,肯定其成績。

④糾正其關鍵之處。

⑤最後要考核,考核其是否能準確無誤地單獨生產該產品。

(6)培訓內容

①半成品的保質期。

②產品的用量。

③產品製作的時間和溫度。

④操作的程序。

⑤產品的保質期。

6.昇遷、晉級、儲備的培訓

從二副昇一副前,經考核合格者,須進行一次專門培訓的中級管理培訓;要使一個二副具備一副的能力,在平時工作中,就應讓二副慢慢接觸到一副的工作內容,必要時代理一副開展工作,以備需要時使用。爲了使後備隊伍能够晉升或作爲儲備人才,在日常的經營中就需要對他們進行一些輪換工作崗位式的培訓。

(1)述職

開始工作前，公司把目前各人所處的位置、要完成的任務，先告知受訓者，並指出應達到的目標，可以昇遷的途徑，使其有個明確的努力方向和發展方向。

(2)轉換工作

管理組之間實行工作崗位轉替，這個月由你負責排班，他負責訂貨；下個月是你負責訓練，他負責人事，各人都掌握不同的工作技能，從而激發大家的工作積極性。

(3)設立「助理」職位

餐廳設立的人事助理、訓練助理，就是協助上司完成本行政工作，逐漸熟悉，在需要時可以擔此重任。

(4)臨時性晉升

如第一副理必須能在店長不在時執行店長職能，在此工作崗位上鍛鍊、提高、激勵自己。

(5)輔導

輔導是時刻發生在身邊的訓練，是管理人員職責之一。每個管理者都應是一個合格的培訓人員，及時糾正下偏差，才能提高下屬的工作能力。同時，透過輔導也可使自己成為一個合格的管理人員。

7.員工素質的培訓

培訓內容主要包括如下幾個方面：

(1)對文化知識的培訓

(2)對品德的培訓

(3)對待人處事的培訓

(4)對工作能力的培訓

8.員工自我培訓

餐廳應當積極鼓勵員工實行自我培訓，為其提供訓練場所、訓

練用具，並給予一定回饋及獎勵。

9.進行針對性培訓

針對餐廳中出現的具體問題，展開有針對性的培訓。以櫃檯服務速度慢爲例：

(1)問題出現：櫃檯服務速度慢。服務速度 10 分鐘。

(2)制定目標：把服務速度提高到 5 分鐘以內。

(3)制定培訓計劃：先制定出櫃檯服務要點，找出提高速度的關鍵所在，然後針對性地對員工強化培訓，採用實際演練的培訓方式。

(4)開始培訓：根據制定的計劃，由訓練人員開始訓練，直到達到目的爲止。

(5)考核：通過測評，計算其服務速度，達到 5 分鐘以內。

10.設備使用與維護的培訓

(1)培訓目的

讓經理瞭解設備型號、操作、簡單維修，以最大限度減少設備損壞，減少營運成本，延長設備壽命。

(2)培訓對象

餐廳店長及設備經理。

(3)培訓人

設備部負責人。

(4)培訓場所和形式

餐廳現場，在崗培訓，就地講習。培訓程序爲：

①觀看錄影節目。

②講解、示範。

③受訓人試做。

④培訓人糾正。

(5)培訓工具

計劃保養日曆，計劃保養手冊，設備手冊。

(6)培訓內容

①主要機器型號。

②機器溫度、時間以及該如何設置。

③簡單故障排除。

④機器的保養。

四、計時員工的培訓

一般快餐店普通員工(負責生產、服務、清潔、維修等)相當於管理人員的 8 倍，人員流動非常頻繁，因此，培訓任務主要是對普通員工的培訓。快餐店的普通員工幾乎都是計時工。因此，對普通員工的培訓實際上就是對計時工的培訓。

1.員工培訓網路

員工訓練是一項有組織、有計劃、長期性、連續性的任務。因此，國際著名快餐公司一般都有一套訓練網路，從組織上保證訓練任務的順利、有效開展。訓練網路由如下人員構成：

店長→訓練經理→訓練執行人→組長→訓練員→員工

其中，店長主要是負責餐廳的整體運營，而訓練經理將在員工訓練方面對店長負責。訓練執行人是訓練經理的助手。組長負責生產、服務、清潔等操作性任務，而訓練員在訓練時間實施對員工的訓練工作。因此，直接計劃、組織和實施訓練任務的人員是訓練經理、訓練執行人、訓練員。在實施訓練時，他們需要和店經理、組長及管理組中的其他人員進行協調，從而保證充分的訓練時間順利開展訓練工作。下面主要介紹訓練經理、訓練執行人、訓練員三個層次的職責和要求。

(1)訓練經理

訓練經理是餐廳訓練工作的直接負責人，負責餐廳所有人員的訓練計劃、訓練安排和訓練效果。訓練執行人是訓練經理的助手，訓練工作的實施需要與組長、訓練員進行協調。

①工作職責

・制定訓練月曆，安排訓練任務。

・安排訓練員的訓練任務和訓練班次。

・控制訓練時間，安排訓練班表。

・負責每月，每季訓練預算和工時安排。

・比較實際工時與預計工時。

・安排好並完成訓練工作。

・確定誰負責追蹤訓練。

・安排並對員工進行過站考核。

・發給訓練員崗位標準。

・保證訓練員工作能力。

・教會訓練員如何訓練。

・會使用工具。

・召開訓練會議。

・確保訓練員正常開展工作。

・評估訓練員工作。

・鑑定訓練工作。

・安排管理組過站。

・出席會議。

・把訓練需求告之管理組。

・保持管理組與訓練組溝通。

・確定訓練需求。

· 提出改進訓練計劃建議。

· 向餐廳回饋管理在訓練工作中的表現。

· 準備一份員工訓練需求分析和預算表。

②素質與能力要求。

· 富有經驗。

· 有出色的樓面管理經驗。

· 具備領導才能和追踪技巧。

· 能完成訓練工作。

· 可以追踪訓練工作。

· 組織能力：

· 文書工作。

· 提供訓練資料。

· 確定訓練需求。

· 主動性。

· 溝通能力：

· 語意表達準確。

· 溝通工作考慮細緻、週密。

· 交談耐心、熱情。

· 談行為，不談個性。

(2)執行人

訓練執行人的主要任務是瞭解訓練需求、關心訓練結果、保存員工訓練記錄、保證訓練資料完整。訓練執行人是管理組與訓練部的中介人。

①工作職責

· 與管理組密切合作。

· 協助並保持員工與管理組之間的良好溝通。

- 讓訓練經理瞭解餐廳的所有訓練需求。
- 如果訓練或追踪工作出現問題時，立即亮出紅色警告。
- 保持正確的員工記錄：
- 在訓練和追踪工作中正確運用工作站觀察檢查表。
- 按照員工訓練追踪步驟。
- 具備員工個別資料，存入檔案。
- 檢查訓練資料是否齊全。
- 使用員工名牌識別系統，說明每個員工訓練效果。
- 協助訓練經理。
- 協助訓練經理對訓練員進行訓練。
- 當訓練經理不在時，負責員工的訓練工作。
- 發現需要訓練的員工。
- 協助經理鑑定員工的訓練成效。
- 收集訓練團隊所需的資料。訓練資料要得到經理的批准；資料不但要最新的，並定期要進行更換。
- 對訓練員的選擇和評估提供建議。
- 負責所有訓練設備正常運轉。

②素質和能力要求

- 高效率。
- 較強的組織能力。
- 有效的溝通能力。

(3)訓練員

①工作職責

- 有效地訓練員工。
- 完成所有分配的任務。
- 員工訓練計劃中的每一步驟，肩並肩地完成排定的員工訓練。

- 決定員工是否已經完成了訓練，是否做好了接受鑑定的準備工作，是否需要得到更多的訓練時間。
- 針對以上情況與訓練經理進行溝通。

②素質和能力要求

- 在工作時常表現出很高的水準。
- 有責任心，始終遵循餐廳的正確工作程序，有較高的個人素質。漢堡連鎖總部希望訓練員樹立一個良好的、積極的工作氣氛，使員工在他們的感召下，形成良好的工作習慣和積極的工作態度。
- 讓新員工瞭解有關作業標準，並能與之進行良好的溝通。
- 能够成爲員工中的領導者。
- 有能力提高餐廳的工作質量。

③對訓練員工作的評估

爲完成訓練，訓練員必須做到如下幾點：

- 讓員工是否在輕鬆的心境下接受訓練。
- 是否清楚地解釋每個工作步驟。
- 是否示範傳授的內容。
- 是否清楚地解釋每個步驟的原因。
- 是否完整答覆每一個問題。
- 是否鼓勵員工提問並讓他們試做。
- 是否具備自信及較高的工作熱情。
- 是否及時修正錯誤，強調標準。
- 是否因材施教。
- 是否具備良好的組織能力。

爲完成訓練，員工的工作表現必須達到：

- 是否學會了工作崗位和崗位程序方面的知識。

- 是否熟悉該所需的工具、器皿和物料。
- 是否按照正確的順序完成每項工作。
- 是否工作時感到輕鬆愉快。

2.員工培訓的程序

(1)準備全面訓練資料

①錄影帶、電視、放映機。

②各個工作站操作標準(SOC)。

③訓練手冊。

④訓練留言本(員工可以在此提出訓練要求)、訓練員留言本(訓練員可以在此提出對受訓員工的要求)。

⑤訓練協調本、訓練追踪手冊(包含訓練追踪表)。

⑥訓練需求分析表。

(2)提供訓練名單

由訓練經理根據訓練協調本向排班經理提供訓練人員名單,同時安排好訓練員。對於第一天上班的新員工,一般是先訓練簡單的內容。訓練時間一般也安排在營業較淡時。執行 3/30 計劃(30 天訓練 3 個工作崗位)。

(3)訓練開始

上班時訓練時段由訓練員帶領員工準備一次訓練,分四個步驟。

①準備。

- 訓練員準備資料,熟練內容,考慮如何帶訓,並帶員工先簡單地進行工作崗位介紹。
- 復習服務員訓練標準及要訓練的工作站標準(SOC)。
- 準備所需的訓練資料。
- 機器完好。
- 訓練區域整潔並有條不紊,創造良好形象。

- 根據需要，檢查錄影帶及單項工作站檢查表。
- 根據需要練習正確的程序，使自己熟練回顧。
- 讓被訓練者感到自在。
- 簡介該工作站。

②呈現。

- 先給員工發一份工作崗位資料，讓員工觀看。訓練員先帶員工觀看錄影節目，鼓勵員工提問，然後帶員工上崗進行實際操作。訓練員要按標準仔細地示範，並強調重點與經驗所得。
- 使用服務員訓練標準作爲指引。
- 向值班經理請示帶訓。
- 使用櫃檯大綱爲指引，遵循現場外所列之步驟。
- 與被訓練者一起看錄影帶並回答問題。
- 與被訓練者一起讀單項工作站檢查表並回答問題。
- 強調消毒及安全程序。
- 遵循每個訓練步驟。
- 示範程序，一次一個步驟，並解釋該動作及其原因。
- 清楚地解說，讓被訓練者能瞭解透徹。
- 在示範時，讓被訓練者能夠依循單項工作站檢查表。

③試做。

- 讓員工按照剛才所見所學做一遍，訓練員邊看邊糾正，並大膽鼓勵，適當給予正面回饋，提醒重點要領，並充滿小心、愛心、關心。
- 讓被訓練者操作所有的程序。
- 讓被訓練者解釋動作及原因。
- 有耐心地教導被訓練者。
- 肯定被訓練者正確的操作程序，並給予讚美及鼓勵，讓被訓

練者樹立起信心。

・及時糾正錯誤。

・根據需要再次示範特定的程序。

・觀察是否遵循所有的消毒、安全程序。

・直到訓練者能在沒有監督的情況下也能操作該程序。

④追踪。

・所謂追踪就是訓練員帶訓過程包括在以後的員工操作中，隨時隨地糾正，提醒掌握訓練的效果。追踪也是保證訓練效果得到鞏固和提升的重要手段。

・觀察被訓練者在操作中的情況，及時糾正出現的錯誤。

・剛開始要經常追踪，等被訓練者熟練後再減少次數。

・完成一個通知的單項工作站測試後，再確認其熟練度。

・當被訓練者的單項工作站測試已經達到百分之百的準確度時，通知訓練經理發問問題，以判斷被訓練者對工作站的程序及標準的瞭解程序(啓閉式)。

・當服務員在進入新的工作站時，一定要運用訓練標準的所有步驟學習，不能馬虎。訓練追蹤見表 6-7。

(4)**二次帶訓**

一般在本週內安排二次帶訓，程序如上，二次帶訓以員工操作為主，訓練員緊密相隨，共同完成訓練。

(5)**過站**

當員工認為已掌握該工作站時，可提出過站(工作站考核)；或訓練員認為時機已到，排班人員給其安排過站，使其有一定壓力和動力。過站越多，訓練越多，班次也越多，昇遷機會也就越大。

(6)**平時訓練**

在營業高峰時，值班經理儘量人盡其才，把人員安排到其擅長

的工作站。而清淡時安排員工去做不熟悉的工作，安排在熟練工旁邊，並盡可能在有空時安排帶訓，充分利用人力、物力資源，不閒置人才。訓練員則逐級隨時觀察其工作狀況，隨時糾正偏差。

(7)**二次簡介**

滿 80 小時工作日、過兩個工作站後，應對其進行第二次簡介，進一步介紹餐廳的要求、制度，並徵求其對餐廳的看法及意見、用餐、管理、工時滿意度等，對員工進行評估並考慮其昇遷方式。

3.**員工培訓的要領**

(1)樹立目標。確定一個讓員工能達到又具有一定挑戰性的當班目標與中、長期目標。

(2)利用名牌識別系統。根據過站情況貼上金牌、銀牌、銅牌，便於識別員工的技能掌握水準，鼓勵員工積極進取。

(3)訓練需求分析與訓練計劃制定。每月進行訓練需求分析，並據此制定訓練計劃。

(4)定期召開訓練會議。由經理主持，找出訓練中的優、缺點加以改進。

(5)定期舉行訓練示範。由經理以其高標準爲訓練員作一次全面的訓練示範、講解。

(6)完善訓練登記。把員工進店一、二次簡介及過站情況登記在追蹤卡上。

(7)完善訓練協調本。把員工聯繫情況，提供的工時，一、二次訓練及過站情況等登記在訓練協調本上，並以此提供訓練班表。

(8)保證完整的訓練資料、工具。定期讓訓練員清潔、完善訓練資料，包括：SOC、錄影帶、追蹤卡、貼花、名牌以及新的補充資料。

(9)成功的訓練四要素。包括：管理組參與；訓練員工訓練員；排定訓練班表；訓練作爲營動的一部份。

表 7-1　訓練月曆

上月 營業額＿＿＿＿＿＿ 利　潤＿＿＿＿＿＿		餐廳＿＿＿＿＿＿＿＿＿ 姓名＿＿＿＿＿＿＿＿＿	本月目標： 1.營業額 2.訓練 3 個員工 3.昇遷 2 名訓練員	
1 星期二 整理訓練 教室	2 星期三 完善訓練 資料	3 星期四 提供訓練班表	4 星期五 追蹤員工	5 星期六 制定訓練 網路圖
6 星期日	7 星期一 Waste 日檢 查訓練工具	8 星期二 觀察帶訓情況	9 星期三 參加管理組 會議	10 星期四 提供訓練 班表
11 星期五 安排員工 過站表	12 星期六	13 星期日	14 星期一 完善名牌 識別系統	15 星期二 作訓練示範
16 星期三 召開訓練 會議	17 星期四 提供訓練 班表	18 星期五 安排員工 過站表	19 星期六	20 星期日
21 星期一 提供訓練 需求分析	22 星期二 評估 2 個 員工	23 星期三 考核 2 名 訓練員	24 星期四 提供訓練 班表	25 星期五 安排員工 過站表
26 星期六	27 星期日	28 星期一 提供兩次 簡介名單	29 星期二 提供最佳 員工名單	30 星期三 提供昇遷 員工名單

表 7-2　員工工時與考勤訓練協調重點表

日期	劉老三			張老四			王老五		
	工時	考勤	訓練	工時	考勤	訓練	工時	考勤	訓練
1									
2									
3									
...									
29									
30									
31									
小計									

表 7-3　訓練需求分析表

		最低需求 面分比 %	*	預估訓練 需求人數 白/晚/週末	=	最低需求 人數 白/晚/週末	−	實際已 訓練人數 白/晚/週末	=	訓練需求 白/晚/週末
服務區	薯條	75	*	/ /	=		−	/ /	=	/ /
	櫃檯	60	*	/ /	=		−	/ /	=	/ /
	品管	25	*	/ /	=		−	/ /	=	/ /
	後區	60	*	/ /	=		−	/ /	=	/ /
生產區	產品 1	75	*	/ /	=		−	/ /	=	/ /
	產品 2	75	*	/ /	=		−	/ /	=	/ /
	產品 3	75	*	/ /	=		−	/ /	=	/ /
	產品 4	75	*	/ /	=		−	/ /	=	/ /
	產品 5	75	*	/ /	=		−	/ /	=	/ /
	調理	60	*	/ /	=		−	/ /	=	/ /
	煎肉	40	*	/ /	=		−	/ /	=	/ /
	麵包	50	*	/ /	=		−	/ /	=	/ /
大廳打烊	大廳區	50	*	/ /	=		−	/ /	=	/ /
	打烊	40	*	/ /	=		−	/ /	=	/ /
	接等	10	*	/ /	=		−	/ /	=	/ /

續表

		優先次序	優先訓練順序	優先訓練需求	受訓員工之訓練預算		訓練員之訓練預算		訓練預算
					小時*薪水	+	小時*薪水	=	
服務區	薯條				* =	+	*	=	
	櫃檯				* =	+	*	=	
	品管				* =	+	*	=	
	後區				* =	+	*	=	
生產區	產品1				* =	+	*	=	
	產品2				* =	+	*	=	
	產品3				* =	+	*	=	
	產品4				* =	+	*	=	
	產品5				* =	+	*	=	
	調理				* =	+	*	=	
	煎肉				* =	+	*	=	
	麵包				* =	+	*	=	
大廳打烊	大廳區				* =	+	*	=	
	打烊				* =	+	*	=	
	接等				* =	+	*	=	
						固定工時			
						固定工時薪資			

表 7-4　訓練留言本

To:訓練經理

_____

_____

_____

_____

　　　　　　　　　　　　　　　　　　　　× × ×

表 7-5 訓練員留言本

To:訓練組
×××

注意： 1.保持留言本整潔

2.留言要禮貌

3.留下工號、姓名、具體內容

4.閱後簽名、回饋

5.積極參與，保持良好溝通

表 7-6 訓練追踪表

工號	姓名	厨房		櫃檯	大廳	後區	薯條
		扒爐	烤箱				
一次簡介	一次訓練						
	訓練員簽名						
訓練員簽名	二次帶訓						
	訓練員簽名						
	過站						
	訓練員簽名						

　　註：訓練內容(如櫃檯過站)通過後，一般用 OK 表示，同時訓練員簽名在相應的表格內；由於一次簡介獨立於其他訓練活動，所以單獨列在左邊一列，簡介完後，只需要訓練員簽名即可，無需寫 OK。

表 7-7　訓練稽核

(一)工具

　　1.錄影機帶是否齊全完好

　　2. SOC 表是否齊全

　　3.訓練教室是否良好

　　4.訓練月曆是否合理

機會點：＿＿＿＿＿＿＿＿＿＿＿＿＿＿＿＿＿＿＿

(二)資料

　　1.檢查訓練留言本、訓練員留言本

　　2.訓練協調本是否完整

　　3.訓練追踪卡是否完整

　　4.訓練手冊是否完整

機會點：＿＿＿＿＿＿＿＿＿＿＿＿＿＿＿＿＿＿＿

(三)訓練程度

　　1.是否排定訓練班表

　　2.是否嚴格按照四步驟

　　3.是否安排過站

　　4.是否經常輔導，有網路圖

機會點；＿＿＿＿＿＿＿＿＿＿＿＿＿＿＿＿＿＿＿

(四)訓練工作

　　1.是否執行 3/30 計劃

　　2.是否完成訓練需求分析

　　3.是否召開訓練會議

　　4.是否提名最佳員工和訓練員

機會點：＿＿＿＿＿＿＿＿＿＿＿＿＿＿＿＿＿＿＿

第 *8* 章

速食店的店長工作手冊

　　本手冊是肯德基店長工作手冊，幫助麵包店各營業店的店長，理解自己的職責範圍，並更好地完成店長的工作任務。

一、店長的身份

1.公司營業店的代表人

　　從你成爲店長的一刻起，你不再是一名普通的員工，你代表了公司整體的形象，是公司營業店的代表，你必須站在公司的立場上，強化管理，達到公司經營效益之目標。

2.營業額目標的實現者

　　你所管理的店面，必須有盈利才能證明你的價值，而在實現目標的過程中，你的管理和以身作則，將是極其重要的，所以，營業額目標的實現，50%是依賴你的個人的優異表現。

3.營業店的指揮者

　　一個小的營業店也是一個集體，必須要有一個指揮者，那就是你，你不但要發揮自己的才能，還要負擔指揮其他員工的責任——

幫助每一個員工都能發揮才能，你必須用自己的行動來影響員工，而不是讓員工影響你的判斷和思維。

二、店長應有的能力

1.指導的能力
指導能力是指能扭轉陳舊觀念，並使其發揮最大的才能，從而使營業額得以提高。

2.教育的能力
能發現員工的不足，並幫助員工提高能力和素質。

3.數據計算能力
掌握、學會、分析報表、數據，從而知道自己店面成績的好壞。

4.目標達成能力
目標達成能力指為達成目標而須擁有的組織能力和凝聚力，以及掌握員工的能力。

5.良好的判斷力
面對問題有正確的判斷，並能迅速解決。

6.專業知識的能力
對於你所賣西餅、麵包的瞭解和營業服務時所必備的知識和技能。

7.營業店的經營能力
營業店的經營能力是指營業店經營所必備的管理技能。

8.管理人員和時間的能力

9.改善服務品質的能力
指讓服務更加合理化，讓顧客有親切感，方便感，信任感和舒適感。

10.**自我訓練的能力**

要跟上時代提升自己，和公司一起快樂成長。

11.**誠實和忠誠**

三、店長不能有的品質

1. 越級彙報，自作主張(指突發性的問題)。

2. 推卸責任，逃避責任。

3. 私下批評公司，抱怨公司現狀。

4. 不設立目標，不相信自己和手下員工可以創造營業奇蹟。

5. 有功勞時，獨自享受。

6. 不擅長運用店員的長處，只看到店員的短處。

7. 不願訓練手下，不願手下員工超越自己。

8. 對上級或公司，報喜不報憂專挑好聽的講。

9. 不願嚴格管理店面，只想做老好人。

四、店長一天的活動

1.**早晨開門的準備(開店前半小時)**

(1)手下員工的確認，出勤和休假的情況，以及人員的精神狀況。

(2)營業店面的檢查：存貨的覆核、新貨的盤點、物品、的陳列、店面的清潔、燈光、價格、設備、零錢等狀況。

(3)昨日營業額的分析：具體的數目，是降是升(找出原因)、尋找提高營業額的方法。

(4)宣佈當日營業目標。

2.開店後到中午

⑴今日的工作重點確認、做多少營業額、全力促銷那樣產品。

⑵營業問題的追蹤(設備修理、燈光、產品排列等)。

⑶營業店近期的西餅、麵包進行銷售量/額比較。

⑷今天的營業高峰是什麼時候？

3.中午輪班午餐

4.下午(13：00～15：00)

⑴對員工進行培訓和交談、鼓舞士氣。

⑵對發現的問題進行處理和上報。

⑶四週同行店的調查(生意和我們比較如何)。

5.傍晚(15：00～18：00)

⑴確認營業額的完成情況。

⑵檢查店面的整體情況。

⑶指示接班人員或代理人員的注意事項。

⑷進行訂貨工作，和總部協調。

6.晚間(18：00～關門)

⑴推銷產品，盡力完成當日目標。

⑵盤點物品、收銀。

⑶製作日報表。

⑷打烊工作的完成。

⑸做好離店的工作(保障店面晚間的安全)。

五、店長的權限

1.從業人員的管理

⑴出勤的管理：嚴禁遲到、早退、嚴格遵守紀律。

(2)服務的管理：以優質的服務吸引回頭客。

(3)工作效率管理：不斷提高每個員工的工作速度和工作的品質。

(4)對不合格的管理。一般分兩種情況：

- 對不合格的員工進行再培訓。

- 對無藥可救的員工進行辭退工作。

2.缺貨的管理

缺貨是造成營業額無法提升的直接原因，所以，在下訂單時必須考慮營業的具體情況。每隔一段時間，應有意識的增加訂貨數量，以避免營業額原地不動或不斷滑坡。

3.損耗的管理

損耗分為內部損耗和外部損耗。

店長必須明白損耗對於盈利的影響是極其嚴重的，在麵包的經營中，每損耗一元錢，就必須多賣出 3～5 元的物品才能彌補損失，所以控制損耗，就是在增加盈利。

(1)內部損耗

營業店主要以收取現金為主，是麵包店的主要收入。在收銀環節上，如果由於人為的因素而造成損耗，將直接影響管理店面的營業額，其中最大的人為因素是偷竊現金或更為隱蔽的盜竊公司財物。

①當店員發生下列情況時，店長應提高警覺，觀察店員是否有損耗動機：

- 員工沒有請假就擅自離開門店。

- 店員無證據卻懷疑他人不誠實。

- 收銀機內零錢過多(或當天收銀不進銀行)。

- 店員的工作態度異常。

- 店員抱怨報表難以和現金收支核對起來。

- 店員抱怨收銀機有問題。

當發生以上問題時，店長應及時調查，知道發現問題的根本原因，並迅速解決。

②店員誤入歧途時，有幾種表現：

· 先進短溢，所收現金總是少於報表數額，甚至爲了配合現金收入製作虛假報表。

· 產品短缺，所收西餅數目或結算核查數目時總和報表數目不符合。

· 員工自己購物，通常將高價物以低價方式購入。

· 員工給顧客找零時，故意少給。

· 店員監守自盜。

· 開門和關門時偷竊產品。

· 下班或輪休時，偷竊產品或現金。

當發生以上情況時，第一要抓住有利證據，第二要堅決開除(上報公司後執行)。

③作業疏忽產生損耗：

· 價格牌放置或標識錯誤。

· 賬目檢查錯誤。

· 店門沒鎖好。

· 物品有效期已過。

(2)外部損耗

①供貨、搬運或勾結員工造成的損耗：

· 出貨單有改過的痕跡。

· 出貨單模糊不清。

· 在沒有點收之前，產品上了貨櫃。

· 搬運工快速點收自己送來的產品，並留下出貨單。

· 不讓營業員仔細點收。

- 產品進入店面時，不通知店員。
- 搬運工快速給店員或店長免費樣品，施小恩小惠。
- 企圖威脅檢查他的店員。
- 店員私自向工廠訂貨。
- 店員對她的工作不快或對公司強烈不滿。
- 員工有不尋常的財務壓力。

②訂貨和驗收不當造成的損耗：

- 應該訂貨的產品未訂貨，而不該訂貨的卻訂了。
- 沒有驗收品名、個數、品質、有效期、標籤。
- 忘記將驗收好的產品上架。

解決的方案：

- 訂貨要適量，但一段時間要有意識多訂一些數目，以提高營業額。
- 訂貨前，要嚴格檢查存貨量和賣出量。
- 參考以前的訂單。
- 單筆大訂單，應要追蹤情況。
- 核對送貨的出貨單。
- 問題產品一律拒收，拒收產品應寫明原因並同時簽下送貨和店長的名字。
- 暫時沒有出貨單的產品，必須記下產品的名稱數目，以便日後核對。

③退貨處理不當造成的損耗：

- 麵包、西餅的保質期已過的必須退貨。
- 髒、破損的產品必須退貨。
- 沒有訂貨而送到的(除新產品，有通知外)必須退貨。
- 退貨單要和實際數目相符一起送到總部，不能私自處理。

·對由人員故意損壞而造成的退貨，要追究當事人責任。

④商品被顧客偷竊的損耗：

·顧客帶大型的包進店。

·顧客攜帶物品離店，沒有付錢。

·顧客邊走邊吃，不付錢。

·顧客數人一起進店購物，掩護偷竊。

遇到以上情況，店員應隨時注意，主動上前服務，以降低偷竊機會。

⑤作業錯誤的損耗：

·其他營業調貨產品沒有記錄。

·對顧客的賠償沒有記錄。

·對顧客的優惠沒有記錄。

·臨時退、換貨沒有記錄。

·促銷商品沒有記錄。

·自身用的各類易損耗品沒有記錄(如掃帚、抹布等)。

⑥搶劫而造成的損耗：

·防止搶劫是夜間營業的必知事項。

·店面要明亮。

·收銀機僅保持一定的現金。

·夜間燈光要開亮。

·保持警覺性。

發生搶劫，應注意事項：

·聽從劫匪指示。

·保持冷靜、不驚慌。

·仔細觀察劫匪特徵：年齡、性別、外觀、服色、衣著、高度(車子、車牌等)。

- 事後第一時間報警,維護保持現場,對在場的人,作好劫匪搶劫過程的筆錄。
- 同時通知上級(不要越級通知),暫停營業,張貼內部調整的通告。
- 靜待警方和上級的意見。

⑦意外事件造成的損耗:

- 火災。
- 水災。
- 風災。
- 停電。
- 打架、鬥毆。
- 人員意外受傷。

發生以上的情況,店長應彙報直接上級後,再找相關人員解決問題。

4.收銀的管理

- 收銀操作不能誤輸、錯輸。
- 收銀機清零要由店長負責。
- 收銀的現金如和賬目不符,應找出原因。
- 收回的現金要安全保存。
- 收銀要防止個別員工的偷竊行為。

5.報表的管理

- 報表填寫必須正確,簽名後不能更改。
- 要仔細,發現塗改要問明原因。
- 報表錯誤,要嚴格審查:

——那些賣的好;

——那些賣的不好;

——找出原因。

6.衛生管理

衛生包括店內衛生和店外衛生：

⑴店內的衛生必須隨時清掃，讓顧客有一塵不染的感覺，顧客才會回頭。

⑵店外的衛生也要主動清掃，以免妨礙顧客的走動。

清潔衛生是做麵包的重要條件，現代的麵包店競爭越來越激烈，所以，必須將清潔衛生做的比別人更好，才能吸引顧客。

7.促銷的管理

⑴促銷前：

①促銷宣傳單張、海報、POP 等是否發放？

②所有店員是否知道促銷活動的各項細節？

③促銷產品是否供應充足？

④促銷產品價格是否已經改動？

⑵促銷中：

①產品陳列是否吸引人？

②顧客是否注意促銷商品的 POP？

③促銷產品的品質是否良好？

④店面佈置是否突出了促銷氣氛？

⑤整個促銷是否有吸引顧客的效果？

⑥促銷中的收銀是否發生問題？

⑶促銷後：

①過期的海報、POP、宣傳單張(DM)等是否撤下？

②產品是否恢復原價？

③促銷是否達到預期目標？

④有什麼可以改進？

8.培訓的管理

對於新店員和不合格的店員必須進行培訓。

(1)培訓的方式：

①就職前培訓：講授、觀摩、試做、見習、討論、實做。

②就職後培訓：指示、示範、研究、競賽、總結、評分。

(2)培訓的項目：

①服裝、儀容、禮儀。

②正確的服務態度、服務心態。

③溝通技巧。

④正確的職業道德。

⑤衛生的理解——店面清潔。

⑥各類工具的使用方法。

⑦熟悉各種產品。

9.獎懲的管理

對於優秀的店員，要及時進行口頭和物質的獎勵。有時，口頭的鼓勵往往能振奮人心。

對於不合格的員工，要及時處罰，包括口頭上的批評、幫助他認識錯誤以及扣錢的處罰。

獎懲的及時正確，能幫助店長樹立威信，更好地完成營業任務。

對於獎懲的處置，店長應及時和上級溝通以得到上級支持。

10.目標的管理

從事營業銷售，一定要制定目標，沒有目標，營業額不會提高，制定目標時要相信自己和整個店面的能力。相信自己可以帶領員工創造別人預想不到的效果。

多數人不能達到目標是因為有心理障礙，認為自己辦不到。目標不能脫離現實，要從店面是否盈利的角度制定目標。

11.情報的管理

(1)密切注意四週同行店的動向。

(2)同行店有什麼產品暢銷的，應及時彙報。

(3)注意人流變化和四週居民的變化。

(4)收集同行的各類信息(銷售額、房租、薪資等)。

(5)收集顧客意見。

①來店次數。

②從家裏到本店有多少時間。

③光臨本店的原因。

④對本店產品的感覺和建議。

⑤對本店服務的感覺和建議。

⑥對本店不滿的地方。

收集情況應不動聲色，留心收集。

收集的情況應及時彙報上級，讓上級可以作出適當調整。

12.投訴的管理

(1)一般顧客投訴的項目：

①產品變質、變味、損壞、有異物。

②收銀員缺乏訓練，結賬時間過久。

③營業員或裱花師沒有穿工作服。

④產品缺貨，陳列、價格不合理、標價不明確。

⑤產品標名與實物不符。

⑥對產品的性質，一無所知。

⑦產品裝袋技術太差。

⑧對顧客的詢問，拒而不答。

⑨店員態度不友善。

⑩店員拋下顧客，做個人社交活動。

(2)處理顧客投訴的方法：

①絕對不和顧客爭執，如果你贏得了一場爭執，你便會失去一位顧客。

②學會傾聽，瞭解事件的過程。

③如果錯在己方，一定要真誠地道歉，對給顧客帶來的麻煩要將心比心。

④即使錯在對方，也要委婉地告訴顧客可能問題真正的原因，並感謝顧客對本店的信任(如果不信任，顧客就不會來投訴了)。

⑤記錄下顧客的個人資料，如果當場無法解決的問題，應告訴顧客一個明確的解決日期。

⑥彙報上級，並附上自己的意見。

13.突發事件的管理

(1)突發事件，店長應保持冷靜。

(2)以安全第一的原則，阻止事件的發展。

(3)第一時間通知上級和有關部門。

(4)盡店長職責，維護店面形象和公司的利益。

(5)在力所能及的範圍裏，第一時間獨立處理。

14.降低成本的管理成本分：

(1)人員成本。

(2)營業成本。

①店面必須時刻注意、電力、水力、電話的浪費。

②在合理範圍裏，儘量以最少的人力經營店面。

③對於辦公用品、紙張要嚴格控制、專人保管。

④預防突發事件，特別是火災。

15.安全的管理

許多情況下，損耗是由於忽視安全而造成的。

(1)店面安全：防火、防水、防風、防盜竊。

(2)人員安全：防止店員因不必要的意外而受傷。

16.和總部的聯繫

產品的數量和品質的好壞，直接影響店面的營業額。所以，你有時必須要直接找到具體的生產負責人，闡述你的觀點及想法，從而提高你的產品品質，保證你產品的數量。

17.店面設備的管理

(1)店面設備要每天清潔。

(2)設備要懂得使用及維護，在不懂的情況下，絕不能亂動設備。

(3)設備一旦損壞，應立即通知上級，派人修理，直到修好。

(4)店面設備要定期清點，發現遺失，需找出原因。

(5)店面設備發現異常，應及時反映，檢修。

18.保密管理

(1)對店面的營業額、房租、薪資等要嚴格保密。

(2)對本店的店長手冊須嚴格保密。

(3)對本店的經營狀況和趨勢要嚴格保密。

(4)對本店產品的成產過程要嚴格保密。

(5)對本公司的內部信息、資料嚴格保密。

保密工作應以警覺為宗旨，一切不利於店面發展和經營的信息都應保密，甚至對店員也適當保密，以防無意洩密。

六、店長的自我檢查

1.開店前

(1)店員是否正常出勤？

(2)店員是否按平日計劃預備工作？

(3)店員的服裝儀容是否依照規定？

(4)產品是否及時送到？

(5)產品是否陳列整齊？

(6)產品陳列是否有品種遺漏？

(7)標價牌是否弄錯？

(8)入口處、營業區、是否清潔？

(9)地面、玻璃、收銀機、設備等是否清潔？

(10)燈光是否適宜？

(11)收銀找零是否準備充足？

(12)包裝材料是否準備充足？

(13)前一日報表是否做好，送出？

(14)產品盤點是否無誤？

(15)產品是否缺貨？

(16)產品品質有無檢查？

(17)通道是否暢通？

(18)櫃檯內是否有店員？

(19)陳列是否過多？

(20)如有促銷，促銷準備工作是否完成？

(21)店員是否只顧聊天或做私事？

(22)海報、壁報、營業衛生執照是否完成？

(23)貨櫃是否清潔、冰櫃有無積水？

(24)前一日營業額達成狀況的分析？

2. 開店中

(1)服務用語是否親切？

(2)地面、入口、桌面是否清潔？

(3)冰櫃是否夠冷？

⑷招牌燈是否須打開(視天氣情況)？

⑸燈光是否充足？

⑹產品擺放是否整齊？

⑺暢銷產品是否足夠？

⑻店員是否有異常表情和態度？

⑼交接班是否正常？

3.關店

⑴是否有顧客滯留？

⑵收銀機是否清零？

⑶現金是否放置恰當？

⑷報表是否製作？

⑸營業額是否達成目標？

⑹店面是否保持清潔？

⑺電力、水力、煤氣是否關閉？

⑻保安措施是否完備？

⑼離店前店員是否異常？

七、店長的考核

1. 營業額完成情況

2. 營業額上升趨勢

3. 店面服務品質

4. 店面的清潔程度

5. 店員的精神狀況

6. 營業損耗的降低

7. 對公司的忠誠度

第 *9* 章

速食店的開業培訓

　　開業培訓是在速食店餐廳開業之前的培訓。培訓內容包括對所有人員的理論培訓，對管理人員的專門培訓，產品製作的實際操作培訓，以及開業以後的考核追蹤。

一、員工培訓

1.理論培訓
　　主要包括：公司背景介紹、員工規章制度、顧客滿意、服務、產品製作、清潔大廳、食物準備與製作，食品衛生等內容。
2.現場操作培訓
　　生產、服務、清潔等技術現場培訓。

二、管理人員培訓

　　培訓內容主要包括：公司理念、操作手冊、管理技巧(初、中、高)、行政工作(營銷、人事、工時、物料、財務、訓練、品質、每日報告等)。

三、培訓後的考核

試營業一週後進行考核，考核內容分理論考試和實踐測評兩部份。

四、餐廳開業的實例

第一天(上午)：公司背景介紹

(一)自我介紹

各位學員，首先歡迎你們加入連鎖餐廳大家庭，也預祝大家能在這個行列中有所建樹，公司的高層管理者都是從基層奮鬥而成。大家要有信心。(註：畫層次圖，從橫向、縱向來分析。)

講了半天，大家對我還不認識。本人現負責本公司的培訓和管理工作。我的要求就是要求大家在以後的工作中能精誠合作，愉快地度過這幾天培訓日子。對幾天的培訓工作，我會在課堂上提問，也歡迎大家積極發言，並對培訓內容進行兩次考試。根據課堂表現和考試成績將會有獎品，並會記入檔案，作為以後昇遷、加薪的依據。這次培訓結束以後，將挑選一批訓練員；不合格者將不錄用。希望大家珍惜這次機會。第一要認真，第二要做筆記。

現在讓大家相互瞭解一下，同學們各自簡單地進行自我介紹，包括名字、愛好、秘密、以前的工作或學習情況。接著將還有一個遊戲，請大家積極參加。

通過學習能瞭解本公司餐廳，掌握生產、服務、清潔的工作、技巧和要領，並學會與人相處。

(二)員工自我介紹

(三)評選一名班長

首先自薦，自薦者並有獎勵品。班長的職責是控制時間、維持秩序、考勤工時和提建議。

(四)發紀念品

這次培訓屬於「加盟創始人」接受的首次培訓，因此每人發一個紀念品。

(五)介紹公司背景知識

通過錄影節目和圖片來介紹。介紹的內容包括：

□企業精神：高效、嚴格、忠誠、努力。

□經營理念：品質、優質服務、市場開拓、團結、凝聚力。

□使命：推廣品牌，讓顧客 100%滿意，佔領市場，同時通過頗具競爭力的價格，使洋快餐成爲人們真正能負擔得起的快餐。

□任務：在本地樹立起餐廳的形象，通過營養而且美味的食品、快捷衛生的服務、親切友好的態度、積極參與特區建設的方式來讓人們認識該品牌。

□方向：在更清潔、更衛生、更乾淨的環境下，用更親切、更和藹的態度做出更營養、更健康、更美味的食品。

第一天(下午)：餐廳員工守則介紹

(一)你將有什麼好處

□晉升的機會和與餐廳一起成長發展的機會。

□學到新的與衆不同的技能。

□在合適的時間內工作。

□學會與人相處的本領。

□在積極的環境中工作，成爲全球「質量之作」大家庭的一分子。

(二)員工手冊內容

1.餐廳制度

□工作時間：員工在提供自己合適的工作時間的同時，必要時要服從餐廳的安排。設置排班留言本。

□薪水計算：每小時 2.8 元，每月 25 日前結算，下個月 10 日前發。

□休息時間：連續工作四小時有半小時有薪用餐時間或訂購快餐。

□等候工時：因停電等原因停工時，員工有等候工時。

□加班：每週不超過 40 小時，超出則以 1.5 倍薪水計算。

□平等政策：公司員工絕不會因其種族、膚色、學歷、性別、年齡或者殘疾與否而受歧視。

□換班：員工因故不能上已排好的班，須提前 10 分鐘請經理幫助換班。

□休假：每週兩天假期(輪休)。

□制服：每人兩套，收取押金。

□試用期：試用期為 6 個月，若工作勤奮、技術好、表現突出者，可縮短。試用期以後薪水為每小時 80 元，並簽訂合約。

2.福利

□昇遷：員工有昇遷的機會，薪水隨之改變。不是給予而是靠贏得。

□評估：每半年評估一次，實際薪水隨評估結果改變。

□活動：定期為員工舉辦文娛活動和進行有獎評比，大家可以根據評比結果得到相應獎勵。

□節假日：在法定的節假日中，如需加班以加班薪水計算。

□安全衛生：員工進入餐廳工作前必須取得健康證才可上班，

員工因違反操作程序而造成意外傷害者，後果自負，26%是因爲不良衛生和患疾病引起食品不安全。

　　□保險：根據規定，應爲員工辦理醫療、養老保險。

　　□生日會：爲員工舉辦生日會。

　　□訓練：提供良好訓練，設立訓練教室。

　　□衣櫃：設置員工更衣室，員工專用衣櫃。

　　□員工休息室：有專供員工休息和用餐的場所。

　3.溝通

　　□合理化建議：歡迎餐廳員工們隨時提出建議、更好的工作方法或建設性批評意見。

　　□座談會：員工和店經理之間交流。

　　□員工大會：全體員工集體討論餐廳所存在的問題。

　　□每日員工意見調查：調查問卷是以不記名方式進行，收集匯總後立即解決。

　　□開門政策：餐廳經理的大門是永遠敞開的。

　　□通告欄：臨時通知、注意事項，隨時張貼。

　4.職責、規則、政策

　　□按時上下班，不缺勤，請假提前半小時告知須得到經理批准。

　　□必須身著制服定時打卡，決不允許替代打卡，更不許打卡後不在崗位上。任何打卡須徵得經理同意後才可進行。

　　□保持儀容儀表。男生不能留長髮，穿深色襪子和皮鞋；女生盤頭髮，著淡妝，穿淡色襪子深色皮鞋，不穿高跟鞋，不留長指甲。

　　□服從經理安排的工作崗位。

　　□不偷懶、不偷盜，保護好自己的貴重物品。

　　□不違反操作，不傷害顧客。

　　□不弄虛作假，不挑撥事非，實事求是。

□不對員工騷擾，傳播謠言。

5.餐廳要求

· 以微笑迎接顧客，並爲其優質服務。

· 有禮貌、友善、樂於助人。

· 提供高品質的產品，達到 100%顧客滿意。

· 確保餐廳乾淨整潔。

· 依據餐廳工作程序準備食品並及時服務顧客，同時必須遵循餐廳的職業道德準則。

· 與同事和平相處，互相尊重。

· 要適應與不同年齡，不同背景，不同性別，不同性格的成員一起工作。

· 著裝整潔，清潔儀表，避免濃妝和佩戴誇張首飾。

· 保持充沛的精力完成工作。不靠在櫃檯上。

· 擁有發現問題並向經理報告的責任，及尋找方法解決問題的義務。質量是餐廳賴以生存的基礎。

· 不擅離工作崗位或處理私人事務，上班期間不帶傳呼機、手機，忠於職守。

· 嚴肅認真工作，不懶散怠工。

· 依照公司規定的時間、地點進餐，不準將餐飲帶出餐廳。用餐需要經理批准。

· 在餐廳內，不抽烟，不喝酒，上班時不嚼口香糖，不偷吃食品。

· 服從上級合法指示和依照餐廳政策準則工作。

· 工作「三心」，即小心，愛心、關心，不因自己疏忽大意而使自己或他人受傷或導致餐廳財物損失。

· 嚴格遵守公司安全守則，發現問題並及時向主管報告受傷或

意外事件情況。
• 不免費外送產品。
• 不喧嘩尖叫。
• 保守餐廳商業秘密和資料。
• 經常留意通告欄，切勿擅自張貼或更改拆下通告。
• 一般不得使用餐廳內電話，不私自動用冷氣機、音響等電源、
  電路開關。

6. 紀律

對違反政策者，視情節給予相應處理。處理方式包括：

☐口頭警告(簽單)。

☐書面警告(簽單)。

☐降職處分。

☐停職處分。

☐賠償損失。

☐解聘。

☐依法處理。

三次口頭警告等於一次書面警告，二次書面警告等於解聘。對
情節嚴重者立即解聘。

7. 獎勵

對提出合理化建議和比賽優勝者，或平時表現積極主動者，或
其他有重大貢獻者，都有相應獎勵。獎勵方式包括：

☐口頭獎勵。

☐物質獎勵。

☐加薪。

☐昇遷。

☐通告表揚。

第二天(上午)：顧客滿意──顧客就是上帝

(一)顧客關係十大注意事項

(二)100%顧客滿意

顧客在餐廳的滿意應超出他們期望的服務。做一切可使顧客完全滿意的工作，使光臨餐廳的顧客都感到滿意，包括那些帶著不愉快心情進入餐廳的人。

(三)顧客滿意的標準

(四)有特殊需要的顧客

□父母親：幫助他們拿餐盤和高腳椅。

□小孩：不能忽略。

□常客：姓名，所喜愛的食品。

□年長者：開門、優先、引座、拿盤。

□特殊點膳：快、滿足。

□殘疾顧客：開門、拿盤。

□特別需要：滿足。

第二天(下午)；服務

(一)顧客等候

顧客加入排隊行列至開始點膳時間，規定不超過 4 分鐘。

(二)顧客接受服務時間

顧客接受點膳開始至歡迎再次光臨時間，規定不超過 2 分鐘。

(三)服務開始

□大門口有員工迎送顧客：「歡迎光臨」和「先生，慢走，歡迎再次光臨」。一定要微笑熱情大方。

□如下雨，門口有員工專門為顧客雨傘配上塑膠套。

□櫃檯服務員對走向櫃檯點膳的顧客大聲：「歡迎光臨」。

□接受點膳。

□收銀員：「歡迎光臨」。

□誘導銷售：設身處地爲顧客著想，具體說出產品名稱及優點(大份薯條或套餐等)。只促銷一次，不對小孩促銷，也不爲難顧客。

□整隻還是半隻，看產品促銷。

□裏面食用吃還是外帶。外帶注意不先拿食品，等做好後一起拿，並冷熱分開，並用本餐廳食品器袋釘好。

□重覆所點內容(特別當產品較多，又不太清楚的情況下)。

□在收銀機鍵入所點內容。

□清楚告之顧客款數。

□收集產品：奶昔—冷—熱—麥香雞—薯條(有備膳員時可協助取產品)。

□雙手接款，說出面值並仔細驗鈔。

□入機，橫放，雙手找錢並說出面值，關機。

□撕下工作單，將有序號發票交給顧客。同時向其解釋食物正在準備，請稍等或請先用。

□將工作單交製作部。

(四)食品外帶員

1.確保外遞區材料充足。

2.聽到顧客點膳後立即傳遞給協調員。

3.得到協調員口令時立即取產品。

4.立即準備飲料及佐餐(薯條、飲料)，以便主食制好後，即可外遞。

5.當顧客來櫃檯取餐時

(1)核對發票和點菜單是否一致。

(2)核對點菜單是否會部配齊，並向顧客說：「請核對」。

(3)切記永遠感謝顧客，「祝用餐愉快」。

6.**當親自送產品時**

(1)備膳員有空可以送。

(2)必要時請餐廳員工幫忙送(大廳員工隨時準備)。

(3)送餐時說:「對不起,讓您久等了,如果還需要什麼請告訴我們」。

(4)如果顧客已經有足夠餐盤時,請把送餐的餐盤回收。

(五)服務注意事項

1.儀容儀表:服裝乾淨整齊(包括鞋襪、帽子),不留長髮、長指甲。

2.始終保持微笑、熱情大方、親切自然。

3.與顧客目光接觸。主動服務,用手示意,疏導顧客,「先生,歡迎光臨,請到這邊點餐」。

4.櫃檯小跑步創造積極氣氛。

5.雙手不靠在背後,而應放於鍵盤之上。

6.懂得日常用語,包括使用英語日常用語。

7.熟悉產品種類、價格、組成、大小。

8.知道產品放置方式。

9.知道產品取用順序。

10.可樂一旦無氣無糖漿,知道更換。

11.熟悉煮咖啡、聖代、奶昔、冷飲、熱飲操作。

12.知道桌內錢的放法。

(六)服務基本用語

1.歡迎光臨:Welcome

2.請問先生需要什麼:May I help you

3.再來一個薯條好嗎:Another French fry

4.總計 18.6 元:Total eighteen point six

5.找您 31.4 元：Change you thirty one point four

6.祝您用餐愉快：Enjoy yourself

7.要什麼醬或調味料：What source

8.堂吃還是外帶：Eat here or to go

9.整隻還是半隻：Whole or half

(七)員工管理現金職責

第三天：產品製作

產品製作的職責要求。

第四天：清潔——提倡人人隨手清潔

第五天：素質培訓

(一)思想意識

1.珍愛工作

人人爲餐廳，餐廳爲人人。以公司爲家，並熱愛這個家，珍愛這份工作。要有責任感，不做任何不負責任的事。以高度的敬業精神爲公司奮鬥。每一個的工作就是公司的榮譽，是公司的明天。公司也會在各方面給予每個人擁有家的感覺，上級管理人員更會像父母般疼愛公司每一位員工。

2.促銷意識

促銷並不是誰能提高自己的交易額誰就優秀，而是要讓顧客享受其附加價值或活動本身的利益。務必要站在顧客的立場上，掌握促銷的時機和語言的技巧，使顧客覺得確實是在替他們著想而不反感。

3.競爭意識

競爭包括行業的競爭、部門的競爭、員工之間的競爭、營業額的競爭、服務質量的競爭等。沒有競爭就沒有發展，沒有競爭就發掘不了公司巨大潛能。

4. 團隊服務意識

團隊服務一個客人，必須要有生產區、服務區、大廳幾個方面的共同合作方可完成，所以餐廳所有人員就是一個整體。互不推諉、扯皮，才能為顧客提供全面優質的服務給客人。

(1)一股繩的力量：一個人的力量是有限的，但一個團體的力量堅不可摧，戰無不勝。

(2)環環相扣的力量：一個部門完成不了一次服務的全過程，幾個部門聯合起來就能提供全面優質的服務。

5. 工作崗位意識

崗位就是自己的飯碗、本職工作。要做到愛惜崗位和敬業。上班一天，站好一天崗，爭取行業樹新風。

6. 行家意識

行家意識是指客人是上帝，自己是僕人。服務是一種極其困難的工作。對新員工而言，缺乏與不同的客人打交道的經驗，常常會遇到這樣那樣的困難，難以體會其工作樂趣，產生失敗感、自卑感。其實，服務的內涵十分豐富，只要有修養、知禮儀、善解人意、細緻入微地工作，使顧客滿意並與之成為朋友，就會因工作的成就而自信與自豪。

7. 成本意識

在當今競爭社會，打折低價，競相激勵，只有降低成本才能獲取微薄利潤。因此務必在工作中按標準進行操作。

第六天　強化弱點訓練

活動：明七暗七、反方向向左向右轉(反應能力)。

第七天　強化弱點訓練

活動：聽故事，傳遞技巧(聆聽的困難、發送者技巧)。

第 *10* 章

速食店的人事管理

　　速食連鎖餐廳是屬勞動密集性的工作單位，如招聘、解聘、訓練、評估、薪水、資金、福利等都是繁重的人事工作。人事工作的好壞，影響到速食店經營的效率及成敗。

一、員工工作紀律

參照相關內容。

二、人事管理的要領

1.加強訓練
只有經過良好訓練的員工，才能提供傑出服務。
2.遵守法紀
遵守公司政策。
3.學會溝通
(1)知己知彼，百戰不殆。
(2)傾聽員工意見，發現他們的興趣和他們所關心的事。

(3)記住他們的名字，員工不會自動地做你想要他們做的事情，除非他們已經知道你想要他們做什麼。

4. 關愛員工

(1)員工也是顧客，是內部顧客。

(2)像對待外部顧客一樣對待員工。

(3)讓員工感覺到管理者就像父母、兄長，餐廳就像一個大家庭。

(4)對待他人就像對待你自己一樣，如果你尊重別人，他們也會同樣地尊重你。

5. 激勵員工

(1)要讓員工堅持正確的方法去做，首先應予以認知，不能只看員工做錯的一面。

(2)像一名教練一樣熱心地進行團隊合作，團隊合作充滿興趣。

(3)盡力扶植和培養下屬員工，讓員工有接受學習的機會，並看到希望而努力工作。

6. 制定人事工作計劃

人事工作計劃主要是制定人事月曆，如表 10-1 所示。

三、公司政策規定

1. 薪水及工時

(1)休息時間：工作 4 小時有半小時有薪用餐時間。

(2)等候工時：如停電等原因員工有等候工時。

(3)加班：每週不超 40 小時，如加班則以 1.5 倍薪水計算。

2. 性騷擾

(1)何為性騷擾

凡遇到不受歡迎的與性有關的要求，或要求與性有關的特徵，

以及其他與性有關或有針對性別而做出的語言和動作。

表 10-1　人事月曆

上月目標： 營業額：預估＿＿＿＿＿ 　　　　實際＿＿＿＿＿ 利　潤：預估＿＿＿＿＿ 　　　　實際＿＿＿＿＿	餐廳名：＿＿＿＿＿＿ 姓　名：＿＿＿＿＿＿	本月目標： 完成一次員工座談會 完成二份 MR 表 完成轉全職員工 交接人事

30 星期一 更新報表、 資料	1 星期二 人事報告	2 星期三 改 Safe 密碼	3 星期四 傳真人事報告	4 星期五 提供評估人員 名單
5 星期六	6 星期日 人事會談	7 星期一	8 星期二	9 星期三
10 星期四	11 星期五	12 星期六 完成 4 名轉全 職員工	13 星期日 食品安全	14 星期一
15 星期二	16 星期三 交接人事工作	17 星期四	18 星期五	19 星期六
20 星期日	21 星期一 交接學習	22 星期二 完成員工招募 要求分析	23 星期三	24 星期四
25 星期五 工時月結	26 星期六	27 星期日	28 星期一 最佳員工提名	29 星期二 月食品安全檢查

(2)性行為的表現方式

①干擾其他員工工作或造成威脅的一種敵意。

②員工的工作利益，如加薪、提升、工時等，是以答應或拒絕性要求為基礎的。

③屈服於性要求來作為保持得到工作的交換條件。

④行為或語言都可能成為性騷擾。

(3)上級對性騷擾的處理程序

①收到投訴。

②調查事實。

③記錄。

④呈送上級。

⑤上級做出處理決定。

3.歧視

不歧視政策：要求公開、公平對待僱員及求職者，無論他的種族、膚色、性別、年齡、是否殘疾等。

4.違反公司政策

對違反公司政策者，將視情節採取相應的處罰措施。

(1)口頭警告。

(2)書面警告。

(3)解聘。經過 24 小時冷靜期，當發現須解聘員工時，先讓他下班，待調查後，由店經理出面。

5.政策變動

公司政策、員工手冊改變，貼出海報或開員工大會。

6.排班

(1)時間編排。員工的時間編排，可根據員工本人提出工作時間要求，結合餐廳需要來排班。

(2)排班留言本。員工可在排班留言本上留下自己能提供的工作時間及休假時間請求。

(3)加班。根據餐廳需要和法規，員工有加班的機會，並付加班薪水。

(4)換班。員工如突然有事不能上已排好的班，可以請經理幫助換班。

7.休假

每星期至少兩天休假，節假日如加班，以加班薪水計算，但服務業的星期六、日不算公休日。

8.福利

(1)員工享有工作 4 小時後半小時的有薪用餐時間，餐廳提供餐飲。

(2)餐廳定期舉行有獎活動，員工可以從中得到獎勵。

(3)員工有升遷的機會和半年評估加薪的機會。

9.安全衛生

員工工作期間的安全受餐廳保護，如有意外傷害，餐廳負責診治。員工進入餐廳工作前必須取得健康證才可上崗。

10.訂立合約

員工必須訂立合約，包括試用期、轉正期、發薪日、薪水、職責、工作內容、工作條件、違約責任、合約期限、合約終止等條款。

11.職責、規則、政策

(1)按時上下班。

(2)本人定時刷卡。

(3)保持儀容儀表。

(4)服從經理安排。

(5)不偷懶，不偷盜。

(6)不違反操作，不傷害顧客。

(7)不弄虛作假，不挑撥事非。

(8)不對員工騷擾，不傳播謠言。

(9)開門政策，即員工可向上級反映問題。

(10)獎懲分明。

四、人事報告內容

人事報告每月一次，具體內容包括：

(1)營業額。

(2)在職人數。

(3)每人平均營業額。

(4)總薪水，人均薪水。

(5)員工薪水，訓練員薪水，其他各類薪水及平均薪水。

(6)招聘人數，升遷人員，離職人數。

(7)離職原因，離職百分比。

1.薪水發放

(1)每月發放一次薪水。

(2)把薪水明細發給每個員工。

(3)把薪水數據報請店長批准。

(4)保證在發薪水日前準確發到員工手中。

2.制服管理

(1)保證每個員工兩套制服。

(2)收取押金，還制服時退回。

(3)盤點制服，定期採購。

3.鑰匙管理

(1)保證每個員工有一把衣櫃鑰匙，可以共用一個衣櫃。

(2)保證衣櫃的完好及鑰匙有備份。

4.採購辦公用品及藥品

每月集中採購一次辦公用品及藥品，分發給各行政組，藥品及其剩餘辦公用品妥善保管。

表 10-2 人事報告

餐廳名：   日期：

經理：   審核：

1.本月營業額   2.本月在職人數

3.每人平均營業額   4.本月總薪水   佔   %

5.每人平均薪水

級別 ＼ 薪水	總薪水	平均薪水	佔　%
組　長			
訓練員			
接待員			
維修人員			
員　工			

6.各人數及比例

經理	組長	訓練員	接待員	維修人員	員工

7.人事變動

		上月人數	招聘人數	調動	升遷	降職	解聘	本月人數
一副	男							
	女							
二副	男							
	女							
見習經理	男							
	女							
組長	男							
	女							
訓練員	男							
	女							
接待員	女							
服務員	男							
	女							
維修人員	男							

8.離職人員明細

姓名	身份證	職務	離職原因

五、登錄員工記錄

　　給每個員工建立檔案，把其各項獎、懲記入檔案，供評估、升遷時參考。

　　員工升遷考核可參見表 10-3。

1.提供每月評估名單及其檔案

　　根據每半年評估一次員工的原則，每月把需評估的名單及其檔案提供給店長，店長最後核定評估結果。

表 10-3　升遷考核評分表

項目	最高分	得分	因素	評分	備註
學歷	12		博士學位	12	憑畢業證或同等學歷
			碩士學位	10	
			大學畢業	8	
			大專畢業	6	
			高中	4	
			初中	2	
服務年限	5		滿一年	1	每滿一年一分
主動能力	4		擔負責任的能力與意願	2	針對事例
			發動新計劃的能力	2	
獲得他人尊重的能力	5		瞭解自己的工作，顯示出專業知識專業技巧	1	關鍵是自己要充滿自信
			尊重他人	1	
			採用恰當的領導方式：團隊式	1	
			作出好的決定	1	
			以身作則	1	

續表

獲得他人信任的能力	6	關心他人，瞭解他人	1	絕不藐視他人、嘲笑他人錯誤，特別是不能在眾人面前
		採用正面的回饋和修正方式	1	
		創造積極的工作環境	1	
		一視同仁，態度一致	1	
		履行承諾，竭盡幫人	1	
		運用同情心	1	
個人習慣	5	健康狀況	2	是否請病假，是否遲到等
		整潔	1	
		守時	2	
盈餘觀念	2	費用控制	1	節約成本的意識和行為
		盈利注意力	1	
依賴性	2	遵循指派的行事能力	1	
		勿須監督的行事能力	1	
領導力	4	對待屬下公平的能力	1	針對領導者
		向下授權的意願	1	
		訓練人員的能力	1	
		爭取合作的能力	1	
判斷力	4	作良好決定的能力	2	
		解決問題的能力	2	
業績	10	研究、發明、著作	5	
		業務量	5	
獎懲	6	嘉獎(口頭警告)	2	獎加 3 分，罰加 3 分
		記功(書面警告)	3	
主管考評	10	平時工作表現、品德、操守、評定	10	主管、評審會
測驗	25	本項工作知識、有關工作知識、通用工作知識	25	由部門主管制定

2.設立訓練留言本

員工可以在留言本上留下自己想訓練的工作站，管理組根據情況安排，不能則說明理由。

六、舉行活動

創造良好氣氛，加強團隊合作，這類活動很多，例如：
1.員工大會。
2.員工活動。
3.員工比賽。如套餐，微笑。
4.員工評比。如最佳員工，最佳訓練員。
5.員工生日會。

七、轉全職人員或正式工

1.當員工試用期過後，符合條件者進入正式合約期。
2.如有需要，在正式合約期範圍內選擇部份員工轉成全職員工。

八、整理資料

月末把餐廳所有報表整理進行保存。

九、人事經理

餐廳設立人事經理，主要負責人員管理。人事經理要公正、細心。每月建立一本人事月曆，按章辦事，人事助理協助人事工作，

包括負責以上一系列事項。

十、店長稽核

　　店長定期對人事工作進行行政稽核，瞭解餐廳人事狀況及人事工作者的工作情況。人事稽核參見表 10-4。

表 10-4　人事稽核

(一)文書工作(30 分)	評價結果
1.是否對每位員工建立檔案(10 分)	
2.是否有完全的人事月曆(10 分)	
①檔案內是否填寫完整。	
②檔案內是否有獎懲記錄。	
③檔案是否真實。	
④檔案是否整潔。	
⑤檔案內是否有原始憑據。	
3.人事報告(10 分)	
①是否準確。	
②是否完整。	
③是否準時完成。	
④店經理是否簽名。	
⑤是否整潔。	
(二)制度(20 分)	
1.是否執行現金管理制度。	
2.是否執行考勤制度。	
3.是否執行升遷、評估制度。	
4.是否執行轉正，轉全職員工制度。	

續表

5.是否執行了合約制度。 6.是否準時、準確發放薪水。 7.是否執行了辦公用品採購制度。	
(三)管理(20分) 1.是否管理好員工、經理制服。 2.是否每日能把所有報表庫存。 3.是否定期舉行人事座談會。 4.是否定期組織員工活動。 5.是否收員工證件：健康證等。	
(四)員工保留(30分) 1.是否執行開門政策。 2.是否舉行員工生日會。 3.是否備有醫藥品。 4.是否有加班薪水。 5.是否及時公佈公司政策。	

心得欄

第 *11* 章

速食店的排班管理

　　排班管理就是合理、有效地利用員工的工作時間。既要合理地安排合適人員，保證滿足 QSCV 的要求；又要儘量控制成本。員工的當班人數要隨著顧客流通規律來調整。

一、工時管理的目標

　　1.員工薪水總額不超過營業額 3%。
　　2.管理人員的薪水控制在營業額的 3.8%。

二、影響工時發生變化的因素

　　1.公休日
　　2.促銷。注意過去是否促銷、現在是否促銷以及促銷增長的百分比。
　　3.餐廳趨勢。是否持續增減。
　　4.重要的再投資項目。例如，增加一個兒童遊樂園，可能會使營業額增長，也會增加工時。

5.新產品推出。

6.新的競爭者。

7.地區建設。

8.天氣。包括過去是否因天氣影響了營業額。

9. QSCV。每提高一個等級，營業額每月增長 5～6%。

三、工時計劃和排班的依據

1.工時管理的兩大關鍵是排班，值班。

2.保證 100%顧客滿意。在恰當的時候，把最合適的人員安排在最合適的崗位上。

3.營業額的變化。提供適當的員工，滿足營業額變化的需要。

4.最佳利潤。有效控制工時成本，達到最佳利潤。

5.團隊戰鬥力。保證要有一個士氣高漲、生產力高的團隊。

6.訓練需求。滿足訓練需求，始終保持一致的訓練水準。

(1)改善管理組的時間計劃。

(2)通過提高管理組和員工的士氣，加強人員的保留。

7.遵守法律，公平、正確地展開業務，是每個人的責任。

8.個人發展。安排充足的訓練和工作時間，爲個人提供發展機會。

四、排班經理的職責

1.接受過週密細緻的訓練，具有良好的組織能力。

2.瞭解排班職責的重要性。

3.得到管理組其他成員的支持。

4.有充足的時間完成班表。

5.向上級呈遞該排班表以便獲得書面批准。

6.至少提前五天公佈排班表。

五、排班程序

1.準備。空白排班表，可變工時崗位安排指南、訓練班表、管理組班表、排班留言本。

2.預估。把預估營業額、TC 填寫在排班表上。

3.記錄需求的可變工時。考慮生產力水準。

4.填寫管理組排班表。

5.標明固定工時。虛線表示並註明工作內容及時間。

6.標明可變工時，以實線表示，可把員工進入崗位的時間間隔為 15 或 30 分鐘。

7.計算預估工時。對比預估工時和要求達到的目標工時。

8.雙重檢查。確保員工者來上班；確保員工工作間隔 10 小時，確保員工一天內不上兩個班次。

9.計算預估員工薪資比例。

比例＝工時×平均時薪/營業額

10.批准並公佈排班表。

六、排班技巧

1.根據理論和經驗制定出一個可變工時排班指南，即按照員工的素質和能力(在表中分為良好、優秀、傑出三個層次)，以及那個時段的每小時交易次數。安排合理的員工數量。

2.預估每小時的 TC(交易次數)，根據生產力，確定需要的人數。

3.人數一旦確定，在排班表上畫好線，把員工名字逐一填上去。

4.注意在時段內保證各個工作崗位有合適的人選。

5.注意同一崗位生熟搭配。

6.儘量滿足員工的排班要求，滿足訓練組提供的訓練要求。

7.保證全職人員的工時量。

8.每班員工工時在 6～7 個小時之間，4 個小時以上可享有免費工作餐。

9.儘量不超過工時(超時薪水爲 1.5 倍)。

七、排班建議

(1)保持排班表的整潔。

(2)使用早晚班及訓練員不同的顏色。

(3)不斷更新協調本和工時指南。

(4)在重要時段增加可變工時。

(5)從需求員工最多的那天開始排班，這樣其他時間就有足夠的員工。

(6)制定一份替班表，請願意加班的員工簽字。

八、排班工具

1.排班留言本。留下員工提供的工作時間記錄，提前一週留言。

2.排班協調本。登記留言，記錄訓練情況。

3.可變工時排班指南，固定工時排班指南。

4.黑白表。黑表示前三週每各個時段實際 TC，白表示這次排班

預估 TC。

5.排班表。編號、姓名、崗位、工時、營業額、可變工時、固定工時，差異等。

6.一週員工的工時一覽表，即 40 表。

7.管理組留言本。根據值班時發現的問題提出排班建議。

九、發現人手不足時的對策

1.申請加班，延時下班。

2.調整人員，發揮個人特長，一切以服務顧客爲主。

3.電話叫人上班。

4.利用非生產工，如財務、倉管、電工等人員。

十、發現人員多餘時的對策

1.提前下班。(針對已上班但工作熱情不足的員工)

2.訓練。

3.電話叫人遲上班或不上班。

4.清潔，細部清潔。

5.促銷。發贈品、傳單等。

6.公益活動。掃大街、擦洗公共設施。

十一、管理組排班程序

1.準備。計劃月曆，空白排班表，每月目標和行動計劃，管理組發展要求，休息假期，管理組成員上課日期，各項會議的日期，

溝通日，餐廳日常活動一覽表，上月排班表。

2.記錄目標。QSCV 等級，營業額、人員、利潤等。

3.計劃並記錄每週的活動。根據目標和活動計劃，註明各項活動和負責人。

4.記錄日常活動。增添一些特殊活動，並註明負責人。

5.在排班表上安排工作。追蹤人、行政工作、清潔內容、休假值班、休息、課程。

6.批准公佈排班表。上月結束前一星期公佈。

十二、管理組排班建議

1.安排不同的班次與行政工作。

2.保證每週休息兩天，每月有一個週末，連休不超過兩天。

3.不安排「打烊——開鋪」或「打烊——休息——開鋪」的班次。

4.任何完成時間超過 15 分鐘的活動都要在排班表上註明。

5.保證每個班次有人值班並有人協助。

十三、人員計劃要點

1.根據工作崗位安排指南。

2.每小時檢查一次計劃。

3.瞭解員工的能力和技巧。

4.指定第二、第三職責。

5.安排休息及用餐時間(在有人頂替或低峰時)。

十四、努力提高生產力的三大要素

1.訓練。

2.追蹤。

3.激勵。

表 11-1　可變工時的崗位安排指南

註：可變工時崗位不包括經理、組長

人數	收銀	備膳	薯條	飲料	品管	煎區	炸區	大堂	經理	組長1	組長2
3	1				1			1	1		
4	2							1	1		
5	2				1	1		1	1		
6	2		1		1	1		1	1		
8	3		1		1	1	1	2	1		
9	3		1		1	1	1	2	1		
10	4		1		1	1	1	2	1		
11	4		1		1	2	1	2	1	1	
12	5		1		1	2	2	2	1	1	
14	6		1		1	2	2	2	1	1	
15	7		1		1	2	2	2	1	1	
16	7		1		1	3	2	3	1	1	
18	8		1		1	3	3	3	1	1	
20	8		1	1	1	3	3	3	1	1	1
21	8	1	1	1	1	3		4	1	1	1
22	8	2	1	1	1	3	3	4	1	1	1
23	8	2	1	1	1	3	3	4	1	2	1
23	8	3	2	1	1	3	3	4	1	2	1
25	8	3	2	1	1	3	3	4	1	2	1

表 11-2　可變工時排班指南

每小時交易次數			員工數量
良好	優秀	傑出	
0～15	0～16	0～17	3
16～25	17～26	18～27	4
26～35	27～38	28～39	5
36～45	39～48	40～50	6
46～55	49～58	51～59	8
56～65	59～68	60～69	9
66～75	69～79	70～80	10
76～85	80～89	81～90	11
86～95	90～100	91～101	12
96～105	101～110	102～113	14
106～115	111～120	114～123	15
116～130	121～136	124～139	16
130～145	137～152	140～156	18
146～155	153～163	157～167	20
156～165	164～173	168～177	21
166～175	174～183	178～187	22
175～185	184～194	188～196	23
185～195	195～204	197～207	24
195～205	205～215	208～218	25
206～215	216～225	219～230	27
216～225	226～236	231～240	28
226～235	237～246	241～250	29
235～245	247～257	251～261	31
246～255	258～273	262～272	33

　　註：如果員工是優秀的，該小時的交易次數在 164～173 之間，那麼應當安排 21 個這樣的員工。

表 11-3　黑白排班表（星期一）

時段＼週	前一週	前二週	前三週	本週
9：00～10：00	40	35	30	可能是 45（交流次數）
10：00～11：00				
11：00～12：00				
12：00～13：00				
14：00～15：00				
15：00～16：00				
16：00～17：00				
17：00～18：00				
18：00～19：00				
19：00～20：00				
20：00～21：00				

表 11-4　一週員工工時一覽表

單位(小時)

工號	姓名	一	二	三	四	五	六	七	總
101		7	4	5		8	6	5	35

表 11-5　排班月曆

上月 營業額：＿＿＿＿＿ 利　潤：＿＿＿＿＿		餐廳：＿＿＿＿＿ 姓名：＿＿＿＿＿		本月目標： 1.營業額 2.控制在 3 名以內 3.做到員工工時滿意
1 星期二 檢查排班資料	2 星期三 檢查排班工具	3 星期四 補充排班留言本	4 星期五 排班	5 星期六
6 星期日	7 星期一 獲取上月勞務 成本	8 星期二 記錄上星期的 每小時 TC	9 星期三 計算平均時薪	10 星期四 大訂餐
11 星期五 排班	12 星期六	13 星期日	14 星期一 舉行員工排班 班座談會	15 星期二 進貨
16 星期三 新產品推出	17 星期四晚上 8：00 高潮	18 星期五 排班	19 星期六 KH 開業	20 星期日
21 星期一 進貨	22 星期二	23 星期三 記錄管理組留言 本有關排班建議	24 星期四	25 星期五 排班
26 星期六	27 星期日	28 星期一 重新審核可變工 時指南	29 星期二	30 星期三

表 11-7　排班週報表

月　日至　月　日　　　　排班經理：　　　　店經理：

日期				
天氣				
星期				
SALES 銷售額				
預估　　　實際				
TC 交易資料				
生產小時				
OPEN 開業				
CLOSE 打烊				
AUNT 接待員				
RIP 維修員				
訓練				
細部清潔				
進貨				
其他				
固定				
TOTAL 總數				
LABOR 員工數				
TC/H 交易次數/小時				

本週機會點：　　　　　　　　行動計劃：

本週：TC/：　　SALES/H　E/M(員工用餐額佔營業額百分比)

表 11-5　排班留言本

To：排班經理
×××
注意：　1.保持留言本整潔。
2.留言要禮貌。
3.留下工號、姓名、具體內容。
4.閱後簽名、回饋。
5.積極參與，保持良好溝通。

表 11-8　員工工時需求與崗位協調表（訓練協調追蹤表）

NO	姓名	報到日期	工時需求	生產區	服務區	大廳 OP，CL	給班時段						
							一	二	三	四	五	六	日
				煎區	收銀	OP，CL							
				炸區	後區	大廳							
				煎區	收銀	OP，CL							
				炸區	後區	大廳							

註：① OP-OPEN，即開鋪班：CL-CLOSE，即打烊班。

　②工時需求為一週內可以上班的小時數。

　③在週一到週日下面的欄內並非要表明的是可以上班的具體時間段。

　④各工作區工作不同記號表示訓練及掌握程度，便於排班與值的崗位要

　　安排。

表 11-9　勞務記錄

總工時：　　小時	總薪水：　　元	勞務成本：　　%

食品準備清單

　天氣：　　　　　　　　　　　溫度：

　日期：　　　　　　　　　　　星期：

　營業額：　　　　　　　　　　準備人：

一、肉類、調味類	二、蔬菜類
	1.洋蔥　　　　粗品
	切片
1.火腿	
2.鹹肉	2.青椒　　　　粗品
3.沙拉米	切片
4.乳酪	3.番茄　　　　粗品
5.漢姆油	切片
6.牛排	4.紅椒　　　　粗品
7.金槍魚	切片
8.雞肉	5.花椰菜　　　粗品
9.比薩汁	切片
10.洋蔥圈	6.生菜　　　　粗品
	切片

　　註：表中用黑色或藍色的連線，分別表示週一到週五或週六到週日的設備開啓時間。例如，如果在星期六扒爐 1 的開啓時間爲早 10：00 點到下午 5：00 點，那麼就在對應的時間欄內，用一條藍色橫線表示出來。

表 11-10　排班稽核

(一)班表
1.是否提前五天貼出
2.是否完整
3.是否整潔
4.是否詳細排定每日班表
5.是否依管理組的工作計劃表適當調整員工班表
6.是否完整填寫預估欄
7.預表的生產小時安排是否與營業額生產小時對照表吻合
8.劃線是否正確性
9.餐廳經理是否簽名
10.管理組班表管理是否按照經理排班規定進行
評價結果：
(二)資料
1.是否更新員工工時指南
2.是否按照排班留言本(回饋、設置)
3.是否利用黑白表
4.是否利用計時員工一覽表
5.是否有最近的營業額生產小時對照表並張貼樓面供值班經理參考
6.是否每週完成每日工時控制表並張貼樓面供值班經理參考
7.是否有最新的固定工時預估控制表半填寫完整
8.是否填寫完整排班週報表並有店經理簽名
評價結果：
(三)排班
1.員工是否超工時
2.是否利用完整的排班協調表
3.是否安排訓練
4.是否排好固定工時
評價結果：

(四)技巧及其他
1.是否和員工溝通
2.是否和經理溝通
3.是否瞭解其重要性
4.是否控制在 3%以內
5.是否於每月 20 日完成人員招募計劃表，擬定員工招募行動計劃並確定執行 　評價結果：

心得欄

第 *12* 章

速食店的值班管理

　　值班管理是指管理人員在值班期間，提供傑出的 QSCV 和顧客滿意所進行的樓面管理，確保所有產品充實、設備完好以及傑出的顧客服務，才能達到成功的樓面管理。

一、值班經理的目標

1. QSCV(品質、服務、清潔)：保持傑出的 QSCV。
2. 銷售：令人滿意的銷售額增長。
3. 人員：工時成本小，生產力高。
4. 利潤：有利潤狀態。

　　總之，值班經理的目標就是通過在每個班次爲顧客提供優異的 QSCV，以達到銷售和利潤增長的目標。

　　QSCV 每提高一個等級，營業額就可提高 6 個百分點。所以，提高 QSCV 是值班經理的第一任務。

二、樓面管理的任務

1. 使顧客滿意、開心。
2. 提供衛生安全、營養美味的食品。
3. 創造一個安靜、井井有條和高效率(或高速度)的消費環境。
4. 創造一個愉快和充滿活力的工作氣氛。
5. 正確的人員配置。
6. 良好的團隊精神。
7. 管理組關心員工和顧客。
8. 始終保持乾淨整潔。
9. 使員工和管理組儀表整潔、訓練有素。
10. 櫃檯和大廳的顧客可以看到經理。

三、值班流程

1. 開店

(1)開門：利用間隔開店法打開餐廳的大門，注意安全。

(2)開燈和通風系統：根據色點系統原則逐次開燈、打開通風系統。

(3)裝機：裝好飲料機、炸爐、烤箱等設備。

(4)切片：根據切片單切好數量。

(5)清潔：對餐廳地板等不乾淨的地方進行清潔。

(6)補貨：填寫補貨單，統一補貨(櫃檯、廚房的調味品、包裝紙、半成品、營運材料等)。

(7)打開設備：提前半小時打開炸爐、扒爐、抽油煙機、烤箱等

設備。

(8)值班前檢查：根據檢查單從週邊、大廳、櫃檯、廚房、洗手間、庫房依次仔細檢查，人員、設備、物料、清潔是否都到位，並發現問題記入本日代辦單，能解決的立即解決。時間爲半小時。

(9)察看經理留言本，看完後要簽名，並記下對自己有關的信息，保持良好溝通。

(10)關注昨日營業額，若是週滿或月滿，記下整數並預估今日營業額。

(11)上線，開啓收銀機。同時打開音響系統。

〈實例〉：聖代機裝機爲例，其程序是：

①提前兩個小時，在橡皮圈處塗上密合膠，白色是奶昔機，綠色是聖代機。裝後面時，兩個插銷從外往內。白色奶昔機多一彈簧。

②準備半桶消毒水，拉起空氣填充栓，打開電源，按機器半浦，至水流暢，壓下閥把手，至無水。

③裝上奶漿，按機器半浦，至白色奶水，裝上探針至流暢。

④壓下閥把手，半浦至流暢，並倒回奶槽，壓下空氣填充栓。

⑤接上糖漿管，5秒1安士，倒「回奶」，按「AUTO」製冷鍵。

2.值班中

(1)安排人員熟悉手中的班表，利用員工崗位安排工作單及員工崗位安排指南，合理安排員工(包括他們的第二、第三職責)，並與他們進行溝通，告知工作目標及要求，逐漸完成交辦單上的事項。

(2)安排並有效利用區域管理人員，告知他們工作目標及注意事項。區域管理的職責包括人員、服務、清潔、物料、設備五個主要內容，並激發人員積極性，自己起到模範帶頭作用。

(3)瞭解手頭的員工，合理利用他們的優缺點。

(4)每30分分進行一次樓面巡視，檢查營業額是上升還是下降，

人手是否充足，顧客是否排隊，是否有人可訓練、輔導、溝通，工作崗位安排是否合理，餐廳是否清潔，物料是否充足，產品是否新鮮，設備是否處於完好狀態。特別需要注意的是衛生間要有專人負責清潔，有問題記入代辦單。

⑸每小時查看銷售機，對比預估差額，調整人員、物料、目標計劃。並預估下小時營業額，與廚房、櫃檯進行溝通，做好準備。

⑹可以授權並給安排過站員工過站，給員工激勵和壓力，追蹤員工訓練。

⑺當高峰期到來前進行食品安全檢查，員工每小時消毒雙手一次，充分準備原料、人員、設備，平穩、順暢度過高峰期。

⑻根據室溫打開冷氣機。

⑼高峰過後，安排員工清潔、補貨，再適量關閉部份設備，過後讓員工用餐、休息。

⑽補貨前先派人整理好庫房，空出位置，並安排進貨。

⑾始終關注營業額、服務速度(使用碼錶)、微笑、產品品質、清潔等，發現問題及時糾正。

⑿在適當時對員工進行手把手輔導、追蹤、激勵、溝通，提高其工作標準與工作熱情。

⒀與下班經理回顧和溝通值班情況，交接未盡之事、注意事項和人員情況等，必要時寫在留言本上。

⒁接班經理需提前半小時巡視樓面，記入交辦單。接班時與上班經理溝通。

⒂根據天氣情況，準時打開週邊廣告燈、招牌燈。

⒃有空時做顧客訪談及意見調查，獲取顧客的潛在意見，爭取顧客 100%滿意。

⒄檢查是否換油，如油脂過量則會產生油煙變黑、味道苦澀或

過多的黃色泡，則需換油。一般 3～4 天換一次，每天過濾油。

⒅注意有無停電、停水及特殊日程，並預先溝通安排好。

⒆在營業高峰期，經理不應充當一名員工，而應在現場充分發揮協調、統籌作用。

⒇當一切安排妥當後，則經理可以去起帶頭作用，激發員工積極性。

(21)充分運用視覺、聽覺、觸覺、嗅覺去發現問題，改進問題，同時利用最重要的第六感覺——直覺去預見問題，從而避免不必要的損失。

(22)回顧「顧客滿意、服務時間、營業額趨勢、工時、輸送精產品保存量、員工工時控制、半成品損耗、套餐(其他促銷)售賣情況」的目標與實際差異。

(23)開始關掉部份照明燈光和機器設備，部份清潔，該入機的入機，播音通知，櫃檯建議外帶，進入打烊期。

3.打烊

經理的打烊職責主要集中在四個方面：保全、利潤、成本、清潔。在打烊階段，值班經理的任務是：

⑴關閉戶外廣告燈箱。

⑵關門、下線、注意安全，運用間隔打烊法。

⑶關燈、冷氣機、機器、音響、窗戶。

⑷把物料(包括櫃檯果珍)運回庫房(盤點散貨)，消毒機器。

⑸大廳地板拖一遍，垃圾桶、洗手間進行消毒清潔。必要時地板刷一遍。

⑹廚房設備、地板消毒清潔，特別是扒爐要用高溫清潔劑，炸爐則用玉米粉清潔。

⑺盤點店內貨品，主要是注意易耗品原輔料，記下庫存。

(8)計算差異，薯條算應產率，其他算個數，在庫存表上填進貨、調撥、現存，計算出使用量與售賣差異。

(9)記錄當天營業報告：日期，星期，天氣，支票數，簽單數，折扣數，代用券，現金，食品額及成本，營業額，套餐數，退產品數，生產力，工時額及成本，TC(交易次數)，AC(平均交易額)，水費，電費，差異，現金盈虧，成品損耗，半成品損耗經理簽名等。

(10)下第二天的切片單。

(11)檢查各工作站的清潔情況。

(12)採用間隔打烊法離開餐廳。

四、值班管理技巧

1.做積極的經理，不做消極的經理

積極的經理不但發現變化，還需創造變化，是個防火經理。能居高臨下，統籌安排，提高 QSCV 營業額。

消極的經理是讓餐廳自己運行，不去理會各種需求，等出現了問題才去補救，亡羊補牢、雖為埋未晚但已造成損失，是個救火經理。他總是被手頭的事纏住，不能理出頭緒，盲目性大。

2.學無止境

經常學習有關書籍，總結經驗。對於領導的指點要樂於接受，虛心學習並立刻著手改正，積極行動、永無藉口，萬不能反駁辯解，這樣才能成長，成為一個出色的職業經理。

3.值班管理三步驟

(1)值班前計劃。

(2)值班中行動。

(3)值班後分析──檢討(防火)。

4. 值班中行勤的三步驟

(1)觀察

利用值班檢查表進行觀察(防火、訓練),充分利用五官及直覺。

(2)確定優先順序,做決定

①任何直接妨礙和延遲產品製作及向顧客提供高品質產品的問題。

②對顧客的舒適與方便造成不利的問題。

③直接影響餐廳的形象及運作的問題。

(3)採取行動

①根據優先次序解決當前同題,在同時處理幾個問題時,可以授權給其他經理或員工。

②防止問題再次發生。

③實行計劃中的工作。

5. 安排工作崗位的要點

(1)運用「可變工時崗位安排指南」作為崗位安排參考。

(2)在適當的時候將最好的員工安排在其最擅長的崗位,這是達到顧客滿意及工時成本相對平衡的關鍵。

(3)在生產區及服務區之間協調好人手。

(4)不要忽略薯條及品管人員,這是兩個經常被忽略的工作崗位,總會在需要人手時沒有足夠人手。

(5)關鍵崗位應配備優秀、傑出的人員,如食品準備人員和品質控制員。

(6)應用 8:1 原則(即員工與管理人員之比為 8:1)確立當班經理、服務區經理、生產區經理的位置,當班經理不應被捆在一個崗位上,行動是自由的。

(7)必須能夠清楚地辨認並理解主要任務和第二職責。

6. 僱員管理要訣

除了具備日常安全管理的常識以外，餐廳值班經理還必須遵守店堂安全管理的原則。

(1)不要把鑰匙交給任何人。

(2)不要把保險櫃密碼告訴任何人。

(3)不要讓任何人代你關鎖店問。

(4)不要將現金放在外面（現金只處在三種狀態：保險櫃、收銀機和交接過程中）。

(5)不要讓你信任的僱員替你點錢。

(6)不要讓人們從店裏借錢。

(7)不要借錢給送貨人。

(8)不要與相鄰店鋪發生借貸關係。

(9)不要對有關速食店的事漠不關心。

(10)不要讓任何人代你上銀行存款。

7. 值班追蹤事項

(1)半成品的處理、有效期、存量。

(2)產品的準備、製作、品質、時間。

(3)對顧客的服務。

(4)餐廳的清潔衛生。

8. 走動式管理

公司的走動式管理是要求經理們走出辦公室，站在第一線，而不是坐在辦公室裏管理。經理沒有合適的辦公室，只是在樓面上出現，運用五官與直覺，通過與顧客交談，直接服務於顧客。把問題找出來並預見問題的發生，及時予以解決，同時要做好值班記錄。

9. 經理風範

(1)永遠不說「差不多」、「大約」等不準確的信息，特別對營業

額等數字要一清二楚。並且決不是一個枯燥數字在腦海裏。

(2)對於問話，永遠不能一問三不知，至少要回答相關問題，並立刻去查看答案。

(3)以點頭表示明白，若不明白立即提問。

(4)做事永遠有計劃。

(5)永遠只有一個標準，行動一致。

(6)做事永遠沒有藉口。

10.評估是激勵訓練的重要措施

(1)每日的溝通與回饋，確保結果不使員工感到意外。

(2)評估的主要目的是改善員工在以後的工作表現。

(3)評估的四個步驟為：肯定工作中的優點缺點；確定產生問題的原因；找出可採用的激勵方式；依行動步驟達成一致。

11.管理區域

經理必須密切注意區域人員、物料、清潔等各方面的標準，發現問題時，應在區域經理到面前，指出問題，並告之處理方法，現場進行訓練、改進，不駁經理面子，以樹立自己的威信。

表 12-1　值班前檢查表

填表人：　　　　　時間：　　　　　日期：

請注意：如果有服務區經理及生產區經理，那麼值班經理應儘量通過他們來完成工作。如果沒有，一定要親自準備並追蹤每個區域。

人　員
·閱讀管理組留言簿。
·檢查營業額預估。
·與生產區和服務區經理(如果有)根據員工班表確定各區人員(生產區、服務及得來速)，並討論工作站安排和區域目標。
·確定所有員工明白自己的基本職責及第二職責。
·檢查員工的儀表及洗手程序。

生產區		櫃檯/得來速	
設備	產品	設備	產品
炸爐	第一補貨單	炸爐	櫃檯下面
煎爐	第二補貨單	橙汁	中心島
烘包機	調理台	咖啡	奶昔/聖代
電腦/計時器	魚/派/麥樂雞塊	奶昔/聖代	薯條工作站
醬槍	肉餅冷凍櫃/煎爐	沙拉保存櫃	中央輸送槽
冷藏/冷凍櫃	麵包/鬆餅	派保溫櫃	顧客方便用品
沙拉/鬆包調料	沙拉/鬆包調料	收銀機	飲料工作站
豬柳塊存放器	飲料系統	得來速螢幕	得來速集膳台
保溫存放櫃	冷藏/冷凍庫	中央輸途槽	成品品質
冷氣機系統	乾貨間	得來速對講系統	
烤箱	中央輸送槽		
	成品品質		

		清潔與衛生	
餐廳內		餐廳外	
生產區/櫃檯區	大堂	週邊	得來速
洗手池	地板、牆腳	區域內的垃圾	車道及小路
抹布及煎爐抹布	天花板/風口	區域外的垃圾	人工造景
設備	燈光	人行道	外賣窗
後區/地下室	座位/裝飾物	窗/窗框	價目牌
後區洗 滌槽	垃圾桶	門	促銷圖片
垃圾桶	溫度	人工造景	
牆/牆腳	兒童椅	旗幟	
天花板/風口	衛生間	燈光/標牌	
價目表/促銷圖片		垃圾桶	
洗手液		遊樂區、週邊區	

待辦事項：

表 12-2   本日交辦單

要做的事情		日期	
優先次序	問題內容	負責人員	完成確認 (打「√」表示完成)
☐			√
☐			○
☐			×
☐			○
☐			○
☐			○
☐			○
☐			○

表 12-3   工作崗位安排單

早班		值班經理		晚班		值班經理	
區域	姓名	第二工作站		區域	姓名	第二工作站	
K							
K							
K							
S							
S							
S							
L							
L							
W							

註：K、S、L、W分別代表廚房、櫃檯、大廳、清洗區。

表 12-4　值班記錄表

1.值班目標
這次值班，我的目標是：
(1)人員：＿＿＿＿＿＿＿＿＿＿＿＿＿＿＿＿＿＿＿＿＿＿
＿＿＿＿＿＿＿＿＿＿＿＿＿＿＿＿＿＿＿＿＿＿＿＿＿＿＿
(2)設備：＿＿＿＿＿＿＿＿＿＿＿＿＿＿＿＿＿＿＿＿＿＿
＿＿＿＿＿＿＿＿＿＿＿＿＿＿＿＿＿＿＿＿＿＿＿＿＿＿＿
(3)物料：＿＿＿＿＿＿＿＿＿＿＿＿＿＿＿＿＿＿＿＿＿＿
＿＿＿＿＿＿＿＿＿＿＿＿＿＿＿＿＿＿＿＿＿＿＿＿＿＿＿
2.在值班期間遇到了什麼問題？
(1)人員：＿＿＿＿＿＿＿＿＿＿＿＿＿＿＿＿＿＿＿＿＿＿
＿＿＿＿＿＿＿＿＿＿＿＿＿＿＿＿＿＿＿＿＿＿＿＿＿＿＿
(2)設備：＿＿＿＿＿＿＿＿＿＿＿＿＿＿＿＿＿＿＿＿＿＿
＿＿＿＿＿＿＿＿＿＿＿＿＿＿＿＿＿＿＿＿＿＿＿＿＿＿＿
(3)物料：＿＿＿＿＿＿＿＿＿＿＿＿＿＿＿＿＿＿＿＿＿＿
＿＿＿＿＿＿＿＿＿＿＿＿＿＿＿＿＿＿＿＿＿＿＿＿＿＿＿
3.值班後評估
是否實現了值班目標？所遇到的問題是如何解決的？與另一名月薪經理進行討論，記下他/她的建議或提示。
＿＿＿＿＿＿＿＿＿＿＿＿＿＿＿＿＿＿＿＿＿＿＿＿＿＿＿
＿＿＿＿＿＿＿＿＿＿＿＿＿＿＿＿＿＿＿＿＿＿＿＿＿＿＿
＿＿＿＿＿＿＿＿＿＿＿＿＿＿＿＿＿＿＿＿＿＿＿＿＿＿＿

表 12-5　樓面巡視

1. 檢查營業額是上升還是下降：根據營業走勢，便可得知營業額是上升和下降，進而採取相應的措施。

_____

_____

2. 人手是否充足；地板是否髒；品管台是否缺貨；櫃檯服務速度慢，顧客是否在排隊。根據這些現象便知人手是否充足，然後調整人員。

_____

_____

3. 是否有人要訓練、輔導、溝通：看員工的製作、服務、清潔標準以及工作表現是否欠佳，是否有必要進行訓練、輔導、溝通。

_____

_____

4. 崗位安排是否合理：各崗位是否協調，人是否盡其才：如不，請調整。

_____

_____

5. 餐廳是否清潔：梭查各區域，特別是大廳、衛生間是否清潔，發現問題及時改正。

_____

_____

6. 物料是否充足：特別在高峰前檢查各物料，保證有足夠的量。在高峰後補充物料。

_____

_____

續表

7.產品生產、保存是否保證品質：是否嚴格按照產品保存期標準，包括咖啡、派等。是否先進先出，品管管制是否合理：如不，請行動。 ────────────────────────── ────────────────────────── 8.設備是否處於完好狀態：檢查生產出來的產品，設備的時間、溫度等，如不對，則儘快校準。 ────────────────────────── ────────────────────────── 9.洗手間是否有專人：如沒有專人，請儘快安排，並進行溝通。 ────────────────────────── ──────────────────────────

心得欄

- -

- -

- -

- -

- -

- -

第 *13* 章

速食店的生產管理

注重產品美味和用餐環境，是速食連鎖店的生產管理任務。速食連鎖店就是按照顧客的要求和餐廳的產品技術標準，提供給顧客美味的產品。

一、生產管理的主要職責

1.產品品質。嚴格執行投料標準、加工技術標準。保證生產出始終一致的美味產品。

2.生產速度。依照顧客的流動規律（排隊情況），依照叫制員的叫制要求，控制生產節奏和生產速度。

3.原料成本控制。控制半成品，成品及調味料的浪費，把成本控制在合理的範圍內。

4.人力成本控制。合理安排和協調人員，注意他們的第一任務和第二職責，利用激勵、溝通、輔導、追蹤等管理技巧，提高生產力，降低人力成本。

5.清潔衛生。按照廚房作業規定，保持廚房的清潔衛生，特別是要合理安排在營業淡、旺時段的清潔與生產工作。

6.工作環境。要為大家創造一個愉快的工作環境。

二、生產人員的工作

在不同的工作站加工不同的產品，所生產工序、技術、標準、用具等也都不一樣。下面是漢堡連鎖店對生產人員工作職責的規定：

1.生產區員工的總體職責要求

(1)著整潔制服，上班前必須洗手。

(2)定期消毒雙手。

(3)備有消毒抹布，兩小時換一次水。

(4)做好隨手清潔。

(5)按標準製作。

(6)做好良好溝通。

(7)做好團隊合作。

(8)檢查半成品品質。

(9)保持地板清潔。

(10)用過的東西要歸位。

(11)定期補齊原輔料。

2.切片具

(1)從經理處得到切片單後，在經理的主持下組裝切片機。並通知所有保安人員到場，並確認安裝正確。

(2)按要求切片，每次使用完畢都要拭淨機器。

(3)每一種物品都要置放在適當容器內並標明日期，然後使用專門的標號筆大寫名稱放入冰箱。

(4)當切片完後，拉斷電源，關閉機器，拆卸並清洗切片機。

(5)始終小心謹慎，安全操作。

3.產品製作師

(1)確保產品工作區原料充足，乾淨。

(2)當接過工作單(口令)開始工作。

(3)仔細閱讀工作單，雞肉還是牛肉，整隻還是半隻。

(4)對特殊點膳，按要求製作。

(5)肉要嫩、熟。

(6)按先熱後冷順序進行。

(7)製作完畢後，標誌明確，送包裝區包裝。

(8)將工作單訂在接入單欄。

4.烤箱員

(1)將食物置入烤箱。

①在一個烤盤內放入不超過規定的產品數量。

②不隨意調節烤箱的溫度、時間。

(2)當食品製成後。

①按工作單序號把食品轉入包裝區。

②啟動包裝區。

5.包裝員

(1)按序號將工作單收在票夾內。

(2)得體包裝，保持產品原型。

(3)對照產品和工作單，確保無誤。

(4)切勿忘記佐餐配料。

(5)通讀每一個工作單，確保每一個產品與工作單要求相符，這是產品與顧客見面的最後一個檢查關口。

(6)用數字代表產品記號，特製產品用圈起來的阿拉伯數字。

6.薯條炸制

(1)薯條解凍，2 小時。

(2)薯條搬運，小心、輕放。

(3)薯條裝欄，從前往後，層層加量，2.9千克(包)可裝4～6欄。

(4)薯條裂作溫度330°F、時間13′14″。

(5)薯條搖籃(15″以後)。

(6)薯條滴油(5～10″)。

(7)薯條撒鹽，裝袋技巧(呈「W」形，由外往裏)。

(8)薯條放置，不散落在盤裏。

(9)薯條保存溫度、時間。

(10)薯條特徵：

①金黃色外表。

②外表酥脆。

③良好馬鈴薯風味。

④誘人的顏色。

⑤不油膩。

⑥熱騰騰且新鮮。

⑦外表與內質呈分離狀態。

⑧內部質地鬆棉。

(11)薯條的應產率410小包/100磅(45千克)。

7.支援區

(1)補貨先進先出。

(2)空箱扔出去。

(3)箱子飛邊(去掉箱子的邊，壓扁)。

(4)凍倉庫各放什麼東西。

①東西堆放要鬆散。

②上熟下生。

⑧上淨下髒。

④溫度-10~0-5℃

⑸乾貨要離地面 16cm 以上，注意通風。

⑹營運物料與食品分開放置。

⑺換二氧化碳的程序：

①先把開關轉向另一氣罐。

②關空氣罐。

③下空氣罐。

④裝上滿灌。

⑤開滿氣。

⑻換糖漿：

①先拔氣管。

②再拔糖管。

③裝上滿罐。

④先拌糖管。

⑤再拌氣管。

⑼擠桶。

①先把滿桶氣放掉。

②插上滿桶的氣罐端，另一端插空罐的糖漿管。

③在空罐氣管端插上氣管。

④拔氣管，再拔糖漿管。

三、品管員的職責

1.負責生產區人員安排。

2.檢查機器設備的完好。

3.檢查原輔料的補充。

4.協調生產區進行高效、標準化生產。

5.提高團隊士氣，給予愛的鼓勵。

6.嚴格檢查包裝前的產品，不對不出售。

7.與櫃檯保持良好溝通。

8.與值班經理保持良好溝通。

9.與生產人員保持良好溝通。

10.密切注意人流量。

四、協調員的職能

1.接收信息、回饋信息。

2.傳遞信息、接收回饋。

3.要有一定預見性，控制產品。

4.切記產品先進先出，注意保質期。

5.記住號碼對應產品。

6.人多時可先調理好或做好。

表 13-1　技能鑑定

(一)技能 1　鑑定
時間：開始 MDP12～4 週後
執行人：餐廳經理、地區督導
日程表：
1.鑑定 MDP1 第一章：簡介； 第二章：學習工作站； ・所有需要完成的部份 ・理解水準

	1	2	3	4	5

2.被鑑定經理能 100%通過下列 SOC(station Observation Check list 工作站檢查一覽表)

· 魚堡

· 派

· 10：1 調理

· 10：1 煎肉

· 10：1 烘包

· 麥香雞

· 奶昔/飲料

· 薯條

· 櫃檯服務

· PC(產品叫制員)

· 大廳/週邊

3.有關維護保養方面

· 知道如何閱讀全面檢查的衛生檢查表的結果

· 能執行清潔檢查所列的所有部份

· 知道用什麼、何時、何地、為什麼、並如何清潔

4.與 MT(Manager Try，實習經理)回顧結果及其發展

(二)技能 2　鑑定

時間：開始 MDP18～14 週後(MDP 即本手冊內容)

執行人：餐廳經理、地區督導

日程表

1.鑑定 MDP1 所有部份

· 所有需要完成的部份

· 理解水準

	1	2	3	4	5
2.被鑑定經理 100%能過下列 SOC					
・開鋪-服務區					
・開鋪-煎區					
・預打烊-服務區					
・預打烊-濾油：打烊-煎區					
・預打烊/打烊-大廳及週邊					
3.樓面管理鑑定					
・值班管理					
4.回顧完成情況					
5.有關開鋪、打烊職責所掌握的知識					
・開鋪、打烊過程					
・機器開、關					
・消毒意識					
・保全意識					
6.檢查機器					
・如何使用測溫器					
・麵包機計時器/溫度					
・煎爐校準					
・煎爐計時器					
・炸爐炸溫度					
・炸爐制時間					
・校準分配器					
・觀察 MT(見習經理)訓練員工一個工作站					
7.觀察 MT 訓練員工一個工作站					
工作站：					
建議：					

8.對值班管理的全面理解
‧用其洞察力分析 QSCV
‧銷售及其走勢：如何閱讀營運報告
‧顧客意識
9.完成 MDP1 期末測試
10.BOC 預習
課後行動計劃：
11.與 MT(見習經理)回顧結果及其發展：
(三)技能鑑定 3
時間：開始 MDP14～16 週後
執行人：餐廳經理、訓練督導
日程表：
1.鑑定 MDP1 所有部份
‧所有需要完成的部份
‧理解水準
2.鑑定課後行動計劃
‧未開始/進行中/已完成
建議：
3.鑑定樓面管理
‧值班管理
4.觀察 MT(見習經理)做顧客言談
‧溝通技巧之運用
‧信息收集
建議：
5.對值班管理的全面理解
‧用其洞察力分析 QSCV

・銷售狀況(SALES)及其走勢：如何閱讀營運報告
・顧客意識
6.與 MT(見習經理)回顧結果及其發展
(四)技能鑑定 4
時間：完成 MDP2 第一章後
執行人：餐廳經理、地區督導
日程表：
1.鑑定 MDP2 第一章及第二章
・所有需要完成的部份
・理解水準
2.樓面管理鑑定
・第二副理作值班管理
3.鑑定機器手冊第一部份
4.回顧以下項目
(1)招募與甄選
・讓二副執行並做面試角色扮演
(2)分析生產力
・預估營業額、工時、平均薪水比率
・可排班人數、每小時銷售額(SALES/HOUR)、生產力
・招募及僱用計劃
・保留技巧
(3)打烊行政工作的準確性
(4)分析盤存報表及統計分析報表
5.與二副回顧結果及其發展
(五)技能鑑定 5
時間：IOC 前
執行人：餐廳經理、地區督導

續表

日程表：
1.鑑定 MDP2 所有部份
‧所有需要完成的部份
‧理解水準
2.樓面管理鑑定
‧第二副理作值班管理
3.回顧以下項目
(1)產品模式控制
‧掌握產品製表知識
(2)訂貨
‧補齊式訂貨系統
‧影響訂貨因素
(3)員工訓練系統掌握情況
‧訓練四步曲
‧觀察二副訓練一個訓練員或組長
(或訓練一個工作站或協助訓練組長樓面管理)
建議：
‧作為訓練協調人的職責
‧月訓練目標：
‧更新員工訓練追蹤系統
‧訓練追蹤與 SOC 是否一致
‧名牌識別系統
‧更新訓練資料及機器訓練
‧執行 3/30 計劃
(4)排班知識
‧讓二副對班表提出意見

續表

(5)有關 PL 報表(利潤和損益表)知識
・讓二副解釋可控部份
・如何預估可控部份項目
(6)建立員工激勵系統
・讓副理鑑定在餐廳建立員工激勵系統的方式
・讓副理解釋員工績效評估系統的目的及一般性
4.鑑定二副 PM(設備維護員)系統知識
・如何閱讀機器休養月曆
・讓二副做 MDP2 機器的 4 項校準
5.鑑定 BMC 課後行動計劃
・未開始/進行中/已完成
・滿意程度
建議：
6.鑑定中級測試的完成情況並完成期末測試
7.預習 IOC
8.與二副一起回顧及發展：
(六)技能鑑定 6
時間：提升一副前
執行人：餐廳經理、地區督導、訓練督導
日程表：
1.鑑定 MDP2 所有部份
・所有需要完成的部份
・理解水準
2.鑑定 IOC 課後行動計劃完成情況
・未完成/進行中/完成

續表

3.樓面管理鑑定 ・二副作值班管理
4.觀察二副做顧客言談 ・溝通技藝的運用 ・信息的收集 　建議：
5.作爲一副的資格 ・以其觀察力分析 QSCV ・QSCV 水準

心得欄 ------------------------------

第 *14* 章

速食店的標準化管理

　　速食連鎖餐廳經過數十年的經營，累積大量的標準化數據，善用這些資料，構成了本店的標準化管理。

一、廚房

1.暖機時間

(1)炸爐：15 分鐘。

(2)扒爐：30 分鐘。

(3)烤箱：30 分鐘。

(4)產品保溫槽：30 分鐘。

(5)雞塊保溫糟：45 分鐘。

2.使用過程中時間與溫度的設置

(1)扒爐：3 分鐘 40 秒，192℃。

(2)烤箱：3 分鐘 29 秒，275℃。

(3)炸爐：3 分鐘 30 秒，355℉（薯條）。

(4)雙面煎爐：上 425℉，下 350℉，時間為 39 秒。

(5)中央保溫糟：20 分鐘，77～82.5℃。

(6)雞塊保溫糟：30 分鐘，99℃。

(7)辣雞翅：6 分鐘；198℃。

3.脫水洋蔥製作

使用前用過濾水浸泡 30 分鐘，冷凍、可保存 24 小時。

4.第二儲存期

在沒有保鮮的情況下：

(1)生菜、乳酪為 2 小時。

(2)洋蔥為 4 小時。

(3)冷凍麵包為 48 小時(包括解凍時間 8 小時)。

(4)醃肉等開箱後為 3 天。

(5)檸檬切片後為 4 小時。

5.油的成分

(1) 47#混合油：牛油和植物油。

(2) 108#植物油：大豆、玉米、棉子油。

6.食品安全溫度

肉類內部溫度大於 90.1℃，用探針溫度器檢測肉類中心點，邊緣點平均溫度，看顏色是灰褐色而非紅色。

7.扒爐溫度測溫

用鐘式溫度計壓在爐面上，爐燈亮時的溫度為標準溫度，不準時要調節恒溫器。

8.炸爐溫度測溫

用探棒測溫器深入炸爐，來回攪動，炸爐燈亮第三次時為標準測溫，不準時則需要校準。

9.炸爐校準

有「①②←→1′2′」六個鈕。

(1)同時按①②←三個鈕。

(2)按←選擇校準內容。

(3)按→改變參數。1′個位，2′十位，①百位。

(4)按 1′表示 yes，按 2′表示 NO。

10.烤箱溫度的測溫（麵包）

把麵包機幹擦淨後加熱 45 分鐘，再用鐘式溫度計壓在面板上 10 秒，機器燈滅時的溫度爲測溫，不準時則需要校準。

11.醬槍的校準

如一槍 2/30Z(盎司)，則打 6 槍看是否 40Z，不準時則需要校準。

12.麵包機器防粘液的使用

(1)先清潔機。

(2)加熱機 200℃。

(3)用紙巾塗。

二、櫃檯

1.奶漿斟出溫度與比例

(1)奶昔：24〜26℉。

(2)聖代：16〜18℉。

(3)新鮮奶與奶漿：

①新鮮奶：回奶＝60：40：

②空氣：奶漿＝55：45。

2.成品量

(1)奶昔加蓋後(杯子型號 160Z)：10.750Z。

(2)聖代不加蓋：50Z(另外還有 10Z 調味料)。

3.奶漿槽溫度

奶漿槽合適溫度爲 18.7～20.9℃，超過 40℉必須廢棄。測溫度還需注意，在加奶後 1 小時，打開過槽後 10 分鐘則，5 分鐘讀數。若溫度偏高可加入適量的冰。

4.暖機時間

(1)奶昔機爲 3 小時。

(2)聖代機爲 15 分鐘。

(3)派保溫櫃爲 1 小時。

(4)熱巧克力機爲 30 分鐘。

5.食品溫度

(1)可樂 18～22℃。

(2)橙汁 18～24℃。

(3)熱巧克力 88～94℃。

(4)咖啡、紅茶 101～107℃。

(5)聖代巧克力調味 66±2.75℃。

6.保存時間

(1)咖啡在咖啡壺裏可保存 30 分鐘，在保溫壺裏可保存 1 小時，保存溫度則爲 180℉。

(2)聖代在-2.75～8.25℃下可保存 20 分鐘。

(3)薯條 7 分鐘。

7.巧克力

熱巧克力前後斟出兩杯需間隔 3 秒，其與水的比例 33：155 爲最美味。

8.飲料

(1)與水比例：咖啡、橙汁、可樂、雪碧、芬達 99、5、5.2、5.2、4.2：1。

(2)可樂水流速：100Z/4 秒。

(3)橙汁水流速：6.202/4 秒。

(4)奶昔糖漿流速：10Z/5 秒。

9.可樂量的校準

首先同時按最大最小鈕、燈亮，再按住「量不準」鈕，到量準時鬆手，再按添加鈕燈滅即可。

10.橙汁量的校準

同時按住三個鈕燈亮，再按住「量不準」鈕至量準鬆手，再按三個鈕燈滅即可。

11.橙汁濃度的測量

(1)先用冰水預冷，橙汁專用校準錘。

(2)打半杯 90Z 橙汁。

(3)把錘放入橙汁內。

(4)橙汁剛好至錘式溫度器的標準線，如不準可調節。

12.測咖啡水溫

(1)放空壺與保溫盤上。

(2)測溫計放於出水口下方 1/2 處，針頭埋於熱水中。

(3)測量溫度為 104℃，如不準可校準。

13.測量咖啡水量

按啓動鍵後咖啡壺裏是否有 600Z 水。

14.測咖啡保存溫度

(1)斟出一壺熱水。

(2)倒掉半壺。

(3)放在保溫盤上 15 分鐘。

(4)用探針測量 180℉，如不準請調節校準。

三、冷庫

1.溫度：0℃～-5.5℃

2.存貨種類：肉類、薯條、派、橙汁。

3.堆放規則：貨物堆放高度最多 6 箱，離開天花板 15 釐米。貨與貨之間為 2 英寸，同種類之間為 1 英寸，貨於牆之間為 2 英寸。

4.除霜期：一天四次(6、12、18、24 點)時間每次 45～55 分鐘，無人進出。

四、冷藏庫

1.溫度：34～38℉。

2.存貨種類：乳酪、生菜、奶漿、橙汁(解凍)、雞翅(醃好的)。

五、後區

1.制冰機的冰塊厚度 1/8 英寸(2～3mm)。

2.薯條超過 3 英寸和 2～3 英寸的長度各佔 40%，佔 20%的是 2 英寸以下的。

3.薯條一袋 6.5 磅可解凍 4～6 欄。

4.醃雞翅：抽真空 15～18PSI，後滾動 25 分鐘。

5.裹粉：拋三裹四，炸出鱗片狀。

6.二氧化碳壓力 90PSI，糖漿 60PSI，空氣罐壓力 70～90PSI。

7.可樂一缸 5 加侖，二氧化碳每罐 50 磅。

六、大廳

1.冷氣機溫度夏天 68～72℉，冬天 72～76℉。

2.燈光強度。

3.垃圾袋滿 3/4 後更換。

4.衛生紙、洗手液剩 1/4 更換、添加。

5.餐廳在 30 秒內清潔回收，超過 5 個要送回櫃檯。

七、其他

1.產品應產率〈特定的半成品量生產出的成品量〉

⑴咖啡：7～8 杯(80Z)/64 克(包)；熱巧克力：22 杯(80Z)/罐。

⑵聖代：8.4 杯/升；奶昔：4.15 杯 160Z/升。

⑶可樂：875(120Z)/1 加侖；橙汁：23 杯(90Z)/包(640Z)。

⑷薯條：410 小袋/100 磅；檸檬：2～3 杯/個。

2.運算轉換

⑴120Z 橙汁＝1.38 杯(90Z)；1 小薯盒＝1.42 小薯盒；1 大薯盒＝2 小薯條袋。

⑵160Z 可樂＝1.38(120Z)可樂；220Z 可樂＝2.1(120Z)可樂。

⑶咖啡(熱巧克力)中杯＝1.41×80Z 小杯。

3.細菌的生長危險區域及條件

溫度、濕度、時間、食物是細菌生長的四個因素。25～77℃爲最適宜溫度。爲了打斷細菌的生長週期，所以每星期廢棄一次半成品。

4. 測溫計校準

用 6：4 的冰水混合物，測溫計顯示 17.6±1℃，否則要相應加減，錘式用冰塊捂在錘面。

5. 接貨溫度

生菜低於 38℉，肉類低於 10℉，否則一律退貨並記錄。

心得欄

第 *15* 章

速食店的品質管理

QSCV 是速食店經營理念。Q(Quality)，即品質；S(Service)，即服務；C(Clean)，即清潔，V(Value)，即價值。品質居於經營理念的首位，而高品質的產品才是顧客的滿意標準。

一、原材料的品質保證

⑴品質保證的首要選擇是供應商。

⑵進貨時要檢查其半成品品質，若發現不符合標準的，應退貨。填寫退貨投訴單，並請立即補貨。檢查時應從以下四個方面入手：

①日期。

②外觀。

③測溫。

④抽查。

⑶進貨按照先進先出原則，後進貨靠裏堆放，並有一定高度限制。例如，薯條最多爲 6 箱，牛肉餅最多爲 8 箱。

⑷用料時，檢查其有效期，並堅持先進先出原則。

二、成品食品生產過程中的品質保證

(1)掌握各產品的品質標準。

(2)放置時間卡，超過規定保存期的食品必須扔掉。對於半成品有第二保質期，例如，生菜兩小時，脫水洋蔥四小時，牛肉餅兩小時(冷藏庫下)。

(3)檢查其機器是否處於正常狀態。

(4)用具生熟分開，避免交叉污染。

(5)執行正確的操作程序。

(6)執行正確的消毒程序：抹布浸消毒水，雙手消毒。

(7)在如下情況下須及時過濾和換油：

①炸製品口味是苦味。

②油煙大。

③油氣泡小無力，呈黃色。

④油的顏色發黑。

(8)每日三餐高峰前做食品安全檢查。

(9)對於呈上來的成品，品管員要進行檢查，不對不售。

三、品質保證所需用具及要求

(1)殺菌洗手液，即有殺菌又可清潔。

(2)殺菌洗手液分配器。

(3)快速消毒液，能迅速消毒雙手。

(4)消毒液分配器。

(5)消毒噴瓶。

(6)消毒粉。

(7)奶昔機專用消毒粉，既能消毒又能除奶垢。

(8)產品製作標準手冊：配方、用料、用量、溫度、時間。

(9)品質參考手冊：保存期、適應溫度。

四、用餐過程的品質控制

(1)管理組檢查：管理組的任何人員在用餐時，要仔細品味食品品質，若發現不對之處，立即通知值班經理和品質控制人員。

(2)顧客投訴：若顧客對品質問題產生質疑並提起投訴，經理應立即熱情地處理，並幫顧客換上良好品質的同類產品，如還不滿意，可以懇求退款。

(3)食品不良反應：如有顧客投訴說因吃了本餐廳產品而產生不適，值班經理應立即將其送醫院。

五、消毒與衛生

(1)每日打烊時，須清洗所有用具。清洗程序是：清水-洗潔精-消毒粉-清水。

(2)後區三槽是：清洗，沖洗，消毒。

(3)抹布則浸在消毒水裏，每 2 小時換一次消毒水。消毒噴瓶每 24 小時換一次。

(4)將乾淨與髒的抹布分開放置，煎爐抹布與洗手間抹布也區別分開。

(5)員工不留指甲、長頭髮和長鬍鬚。

(6)包盤上都應墊乾淨的紙。

(7)員工身體健康，不帶傳染性病毒。

(8)生產區員工回崗位後應消毒雙手。

(9)生產區員工去洗手間後，回到上崗前要清洗和消毒雙手。

⑽生產區員工手碰到頭髮，衣服等都要消毒雙手。

六、食品安全巡視程序

第一站：員工

(1)制服和圍裙保持整潔。

(2)在接觸食品前一定要洗手。

(3)配戴工作帽，頭髮盤起來。

(4)身體健康。

(5)使用快速消毒液。

第二站：服務區

(1)注意產品保存時間。

(2)備有乾淨的消毒抹布。

(3)在觸摸錢後不能立即接觸食品。

(4)使用消毒乾洗液。

(5)奶漿儲存槽的溫度($34\sim38°F$)。

第三站：衛生圈

(1)清潔並且功能正常。

(2)洗手液分配器功能正常，並且裝有洗手液。

(3)烘手機功能正常，並且備有紙巾。

(4)員工上廁所後應洗手消毒。

(5)查看衛生間檢查表。

第四站：後區

(1)冷藏庫 34～38℉、冷凍庫 0～-10℉。

(2)所有貨品都在有效期內使用。

(3)乾貨間營運物料不與食品包裝等一起放。

(4)標明第二儲存期的時間。

(5)沖洗、刷洗和消毒所有器皿。

(6)不能在後區水槽附近準備食品。

第五站：生產區

(1)食品不能直接放在調理臺上。

(2)煎爐器具放在乾淨的麵包盤上。

(3)備有乾淨的消毒抹布。

(4)洗手池功能正常。

(5)洗手液分配器功能正常並且裝有洗手液。

(6)備有紙巾。

七、食品安全檢查重點

(1)冷藏庫和冷凍庫溫度正常，空氣對流。

(2)使用乾淨的消毒抹布和消毒粉。

(3)煎、炸爐狀態良好，每半年檢修一次。

(4)奶昔、聖代溫度正常，每季更換所有刷子。

(5)每月至少一次進行安全鑑定餐廳所有食品。

(6)每日檢查餐廳食品安全。

(7)每半小時用快速消毒液消毒雙手。

(8)管理部隨時抽查食品品質。

(9)餐廳設有專門的品質保證小組，每日檢查追蹤有關品質安全

問題。

(10)店長定期對餐廳品質小組的行政工作進行稽核。

八、每日計劃七項品質管理工作

值班經理或授權其他經理根據餐廳的實際情況和計劃安排，安排七項品質管理工作。例如：

(1)奶昔糧漿和橙汁的校準。

(2)確保橙汁缸和其他一些飲料容器的衛生。

(3)重新安排以前沒有完成的維修工作。

(4)確保煎爐/炸爐濾網無阻塞，煎肉鏟和刮爐鏟鋒利。

(5)檢查奶昔及飲料處：環境清潔、狀況良好，排列合理。

(6)把全部產品與標準圖片進行比較，並採用口感檢查。

(7)確保冷凍高峰溫度正常。

九、品質保證方面的常識

(1)細菌滋生環境包括四個要素：食物、溫度濕度、時間。

(2)細菌適應溫度：45～140℉。

(3)細菌生長週期一般是一週，每星期徹底消毒一次，打斷細菌繁殖週期。

(4)魚肉、牛肉、雞肉的炸熟溫度、顏色。

(5)奶昔、聖代儲存溫度高於40°下須扔掉。

(6)凍庫的溫度：0～-9.9℃。

(7)藏庫的溫度：18.7～21℃。

十、全面品質管理

全面品質管理就是全員參與、全過程監督、全方位控制。速食店是一種勞動密集、與顧客大量接觸的店，全員參與是最關鍵的。

(1)將「全員參與品質控制」的經營理念灌輸給每一位員工：品質是速食店賴以生存的基礎；品質問題關係到速食店中的每一位成員，是自上而下每一個人的工作。

(2)不論在那個工作崗位，凡有發現品質問題並立即向經理報告，這是公司每個成員應有的責任。

(3)不論在那個工作崗位，都要有尋找辦法解決品質問題的義務。

(4)不論在那個崗位，對提高服務品質做出貢獻的，都有受到獎勵和提升的機會。

十一、衛生與食品安全

衛生與食品安全，也是保全管理重要環節。每日餐廳都要依照衛生食品安全檢查表加以測試。

表 15-1　每日餐廳衛生及食品安全檢查

一、巡祝路線及檢查內容
1.餐廳巡視路線
經理室——生產區——後區——庫房——櫃檯——大堂——衛生間——乾貨間
2.生產區
(1)麵包半成品取用的時間和 FIFO 原則
(2)接貨要寫接貨溫度，麵包寫卸貨時間
(3)第二保存期

續表

(4)消毒抹布桶的清潔
(5)生熟盤的分開
3.後區
(1)零件架乾淨，奶昔聖代刷的清潔
(2)空栓分開放
(3)三槽乾淨，浸有消毒水
(4)制冰機、洗衣機乾淨
(5)抹布桶貼標籤
4.庫房
(1)風扇與積雪的清潔
(2)堆貨高度
(3)不能倒放
(4) FIFO，飛邊(去掉紙箱的四邊，壓縮)
(5)溫度小於-9.9℃和1.8℃
(6)門邊膠，門簾
(7)原輔料的使用及保存期
5.櫃檯
(1)品管槽時間牌、咖啡時間牌
(2)可樂杯分配器清潔
(3)餐盤清潔，冰槽清潔，冰鏟乾淨
(4)奶昔機斟出口清潔
(5)使用中餐盤的清潔
6.大堂
(1)垃圾桶
(2)花圃內
(3)桌子下面
(4)地面、兒童椅
(5)使用中抹布的清潔

7.洗手間

(1)垃圾桶、抽水馬桶

(2)衛生紙

(3)烘手機、洗手液

(4)洗手池、鏡子、地面

(5)異味

8.乾貨同

(1)先進先出，飛邊後先用，註明

(2)箱子飛邊字母如失去，應用粗筆寫清楚

(3)食品與其他分開放置

9.其他

(1)店內蟲害

(2)員工儀表

(3)員工洗手習慣

(4)隨手清潔

(5)交叉污染的控制

二、食品原料安全檢查程序

1.測牛肉

(1)每日三餐前測

(2)消毒雙手及探針

(3)校準測溫器

(4)下整批牛肉

(5)取四個角落的牛肉

(6)把牛肉放入墊紙的盤裏

(7)用測溫器迅速對牛肉離邊沿一英寸和中央兩個點測

(8)立即記錄數據，記上平均值。平均溫度 85～88℃

(9)選最低溫度牛肉撥開觀其顏色，應為灰褐色，而非紅色

續表

2.測雞肉
方法同上，溫度大於 90℃
3.測奶漿
⑴確保製冷區門關閉 10 分鐘以上
⑵打開門放入測溫器，關上門 5 分鐘後讀數
⑶探針插入奶漿，攪動直到讀數穩定，小於 38°F
⑷如果剛加入新的奶漿，要 1 小時後才能測
衛生控制
1.所有生產區和洗手間內的洗手台是否都備有清洗及消毒雙手的用品
2.所有生產區和洗手間內的洗手台是否都備有流動的水
3.在生產區及服務區是否都備有快速消毒液
溫度控制
4.測溫器：是否運作正常、校準及消毒
5. 10：1 牛肉餅：完成牛肉餅測試(記錄在表格內)。採取修正行動並確保平均內部溫度達到 155～1600°F
6.雞肉餅和雞塊：完成雞肉餅和雞塊測試(記錄在表格內)，採取修正行動並確保平均內部溫度達到 165°F
7.豬柳：完成豬柳測試(記錄在表格內)，採取修正行動並確保平均內部溫度達到 163°F
8.蒸蛋：蒸蛋蛋黃是否呈凝膠狀而沒有流動蛋黃
9.奶昔和新地機：完成奶漿槽和槽中奶漿溫度的測試(記錄在表格內)，採取修正行動並確保平均內部溫度達到 40°F
10.冷藏：冷藏及冷藏庫中所有貨品的的溫度是否在 40°F
11.冷凍：冷凍及冷凍庫中所有貨品的溫度是否在 0°F 或以下
12.冷空氣對流：貨品存放高度是否符合標準並沒有過高？冷庫內貨品是否離牆 2 寸，貨之間相距 1 寸，離地面 6 寸？冷凍庫內貨品離地是否符合當地法規？
13.輸送槽：溫度是否在 140～150°F範圍之內？

續表

操作程序控制
14.黃色膠刮是否只用於處理生蛋？
15.白色膠刮是否只用於取出熟蛋？
16.是否所有有機會接觸食物的器具都被按時清洗、沖洗、消毒及風乾？
17.在生產區內使用的抹布是否與其他抹布分開清洗？
18.在生產區內使用的消毒抹布是否清潔？有否時常更換？
19.在煎爐區內是否有一桶乾淨及有效的消毒水，內盛有足夠消毒抹布？
20.在後區是否容易找到水槽消毒粉備用？
21.是否在三槽式水槽的第三槽使用水槽消毒粉？
22.在其他消毒程序中，是否有使用漢姆消毒粉？
時間控制
23.是否所有冷凍及冷藏貨品都註有保質期，及絕對沒有使用過期的貨品？(檢查食品保質期)
24.是否所有具有第二貯存期的貨品(如，調理臺上的物料：生菜、起士、調節器味醬……回奶、橙汁和凍包)都標明了正確第二貯存期限，及絕對沒有使用過了第二貯存期的貨品(檢查第二貯存期)
25.在輸送槽是否使用時間卡，及產品的存放時間是否少於 10 分鐘？

　　　時間　　　　　項號　　　　不妥善情況　　　改進行動

　　———————　　———————　　———————　　———————

　　———————　　———————　　———————　　———————

　　填表經理簽名：

　　店經理審核後簽名：

　　督導鑑定後簽名：

背面

牛肉				豬柳			
早上	煎爐 1	煎爐 2	煎爐 3	煎爐 4	煎爐 1	煎爐 2	煎爐 3	煎爐 4
前左	158℉							
前右	160℉							
後左	左							
後右	後右							
平均	平均							
目測	目測							
修正行動								
中午	煎爐 1	煎爐 2	煎爐 3	煎爐 4	煎爐 1	煎爐 2	煎爐 3	煎爐 4
前左								
前右								
後左								
後右								
平均								
目測								
修正行動								
晚上	煎爐 1	煎爐 2	煎爐 3	煎爐 4	煎爐 1	煎爐 2	煎爐 3	煎爐 4
前左								
前右								
後左								
後右								
平均								
目測								
修正行動								

續表

雞塊				雞肉		
時間	早	午	晚	早	午	晚
第一塊						
第二塊						
第三塊						
第四塊						
平均						
修正行動						
奶昔				聖代		
時間	早	午	晚	早	午	晚
奶槽						
奶漿						
修正行動						

表 15-2　食品安全每月鑑定表

地區：　　　　　餐廳：　　　　　當班經理：

日期：　　　　　時間：　　　　　鑑定人員：

鑑定過程

目標：確保餐廳食品安全檢查表在準確而有效地完成，從而保證餐廳的食品
　　　安全。

功能：審核與平衡

　　　確保追蹤工作的完成

　　　系統性地溝通管道

　　　協助確認共同問題及潛在危險

　　　(通過共同努力去解決同一問題，並且儘早找出潛在危險，防止進一步
　　　惡化。)

續表

鑑定步驟：

一、流覽餐廳記錄

1.餐廳是否保存有不少於 30 天的記錄

2.檢查工作是否全部由經理完成

3.是否每日進行三次檢查

4.檢查表是否已經進一步更新並且正確地執行和填寫

5.是否又採取了正確的修正行動

6.是否對修正行動進行了追蹤

7.餐廳經理是否每日審核當天檢查表

8.督導是否每次下店時都對檢查表進行審核

評議：_____

二、食品安全檢查

請任意選一個經理演示正確完成檢查表的全部過程；

利用表格來完成對經理檢查工作的鑑定；

記錄觀察到的情況，評議餐廳的修正行動，如果需要的話，請確定第二次追蹤鑑定的日期。

1.採取的檢查程序是否正確

2.是否全部完成了檢查工作

3.是否立即採取了修正行動

4.是否清楚理解檢查表的每個項目

5.是否明確食品安全的重要性

6.是否全情投入，積極參與

備註：_____

續表

三、溝通鑑定結果後發現的情況(下列人員)
總經理
營運經理
食品安全
訓練經理
餐廳督導
餐廳經理

心得欄 _____

_____

_____

_____

_____

_____

第 *16* 章

速食店的物料進出管理

　　物料是指原材料、輔料、半成品等食品用料，及各種機械設備、辦公用品、工作服、宿舍用品等所有餐廳財產。其中，食品用料是物料管理的重心。

一、訂貨管理

1.訂貨依據
⑴全面準確的盤貨記錄。
⑵密切注意原輔料使用進展情況，早發現，早採取措施。
⑶力求達到上級下達目標。
⑷損耗量及借調貨、缺貨情況。
⑸營業額預測。影響未來一段時間內營業額的因素。包括：
①季節變化。
②雙休日、節假日及寒暑假。
③促銷活動。
④特殊大訂餐、大活動。
⑤餐廳趨勢。

⑥重要的再投資項目。

⑦新產品推出。

⑧新的競爭者。

⑨地區建設。

⑩天氣。

2.訂貨原則

(1)適當的數量。

(2)適當的品質。

(3)適當的時間。

(4)適當的貨源。

3.訂貨職能

(1)保持公司的良好形象及與供應商的良好關係。

(2)選擇和保持供貨管道。

(3)及早獲知價格變動及阻礙購買的各種變化。

(4)及時交貨。

(5)及時約見供應商並幫助完成以上內容。

(6)審查發票，重點抽查價格及其他項目與訂單不符的品種。

(7)與供應商談判及解決拒絕供貨事件，闡明劣質產品的危害及後果。

(8)向供應商發出由於退貨而產生的財務影響數字。

(9)比價購買。

(10)制定精確的貨品標準、要求。

(11)現場追蹤半成品品質情況。

4.訂貨量計算

下期訂貨量＝預估下期需要量－預估本期剩餘量＋安全存量

「預估下期需要量」是需要根據預估下期營業額和各種原輔料

萬元用量(每萬元銷售額消耗的原料量)來計算;「預估本期剩餘量」也是根據現有存貨及本期預估營業額計算出來;「安全存量」就是指保留的合理庫存量,一般僅爲足夠一天營運所需的存貨量。

需要注意:訂貨太高將會導致貨品週期、空間太小、浪費資金等問題,訂貨太少又滿足不了經營需要。因此,需要總結經驗,認真預測訂貨量。

5.訂貨月曆

訂貨是一件日常工作,訂貨工作安排的好與壞,直接關係到餐廳的營業收益。因此,訂貨的計劃工作必不可少,而訂貨月曆(日曆)是實施有計劃訂貨的有效工具。

6.萬元用量的重新計算

萬元用量即每一萬元銷售額中各種原輔料的用量,是預估訂購下期原輔料的依據。因此,正確估計各種原輔料的萬元用量是非常重要的。但是,每一種原輔料的萬元用量隨著許多因素的變化而變化,並不是一成不變的。因此,在每次訂貨之前,都要依據各種可能構成影響的因素,調整每一種原輔料的萬元用量。一般,可能影響萬元用量的因素包括如下一些:

(1)當貨不足。

(2)當貨過剩(到貨前,某種貨品還有大量庫存)。

(3)產品損耗。

(4)促銷活動。

(5)季節轉變。

7.信用審查

(1)確認所訂貨爲預算內之物。

(2)確定餐廳流動資金足夠付款。

(3)使用訂貨購物方法。

(4)每一訂單完成之後，有文件備查。

(5)每當發票抵達時：

①附上供應商的送貨發票，辨認簽字真偽。

②檢查送貨發票與訂貨單價格，確保一致。

③檢查供應商超供及總量。

④核查送貨條款。

⑤核對折扣條款。

⑥明確付款日期。

⑦明確匯入適當分類賬目。

⑧在各種適當支付欄內記錄支出情況。

8. 簽署支票前親自覆查所有文件

管理人員在簽發支票前，應一一檢查相關的必備文件資料。

二、物品購買制度

1.物品的購置和補充。連鎖店店長應根據實際需要購置，補貨應隨著營業進展，物料用量情況協調。

2.理應先填寫物品訂購單，經店長審批，提前 20 天上報總公司訂購或就地採購。

3.除向總公司上報訂購的物品外，採購人員對物品採購，須以品質保證為首要選擇點去選擇供應商。進貨時要檢查其半成品品質，如：日期、外觀、抽查、測溫。必要時，使用部門參與看樣，確定品質標準。若發現不符應退貨，填寫退貨投訴單，並請立即補貨。

4.物品採購後，倉管員應馬上驗收，根據查驗結果，提出驗貨意見，填寫收貨入庫單後，分別由交貨人、採購人、驗收人、接收

人簽字,並辦理入庫手續。

　　5.票據報銷制度。票據報銷,必須有該店經辦人簽名,部門經理審核簽名,再呈報總經理(或店長),方能報銷。物品採購票據報銷時,還應有申購經理簽字及入庫驗收單及驗收人簽名。

三、進貨管理

1.進貨程序

(1)核對數量:進量=訂量

(2)檢查品質:採用抽查方式,抽查內容包括:

①溫度:特別是對溫度敏感的食品。

②有效期:像生菜、乳製品等有效期短的食品。

③箱子的密封性。

④大小形狀一致。

⑤味道:無異味。

⑥顏色:例如,生菜發黃還是青綠。

⑦組織改變。

⑧粘稠改變:如橙汁、調味糖漿。

⑨缺乏新鮮度:番茄、西蘭花。

⑩物理及化學變化。

(3)搬運:先搬溫度敏感產品,並注意小心搬運,不擠破,摔壞,特別是薯條、調味糖漿、調味料等。

(4)存放:預先整理好庫房,按時間順序依次存放。安全保存,預防老鼠及偷竊。

2.進貨時的注意事項

(1)每次要求送貨以前都要有一份訂貨單據在手中。

(2)打開所有的箱、袋、容器等。

(3)稱重。

(4)不讓送貨人員在店內遊蕩。

(5)不對你未曾見過的人或商品下訂單。

(6)不讓送貨者在未交付送貨單之前離開。

(7)不在午餐或晚餐時段接受送貨。

四、發貨管理

1.物料使用注意事項

(1)從前往後，從上往下，從外往裏依次取用。

(2)按標準操作，保質保量，合理使用原輔料。

(3)始終堅持三心：小心、愛心、關心，不造成食品損失。

(4)注意良好溝通：協調好食品的生產。

2.物料調撥的理由

(1)調出：當物料偏多或快過期，或有餐廳要借。

(2)調進：當缺貨或其他餐廳剩貨時。

五、盤存差異分析及成本分析

1.記錄（收銀機）

產品銷售、損耗、促銷量、使用量等記錄有專門的產品記錄表。

2.差異分析

盤貨的目的是看是否出現差異，如出現差異則說明：

(1)應產率低。

(2)失竊。

(3)不準確報表和資料。

(4)設備校準不正確。

(5)缺乏效益或不當的訓練。

(6)處理產品的程序不當。

(7)不正確的生產程序。

同時根據差異找出機會點，具體見成本管理。

3.物料成本分析

(1)訂貨經理每月要計算各產品應產率、成品損耗、半成品損耗情況。

(2)計算食品成本，包裝成本。

(3)計算各產品包裝差異情況。

(4)計算調味品及餐飲損耗。

(5)每週總結營業情況，半成品、成品損耗情況，TC（交易次數）、AC（平均交易額）、人數情況。

(6)根據差異等總結出改進計劃。

六、物品庫存制度

1.物料保管

物品及原料由專人保管，放置於正常的冷藏室、冷凍室或適宜溫度和空氣對流處。

2.物料使用

用料時，倉管員檢查其有效期，並按先進先出原則，掌握各產品的品質標準，超過規定的保存期須經品管部、總務部、業務部三個部門派人共同確認，寫明報廢原因、存放時間卡，再由總務部負責銷毀。

3.品質保證常識

(1)細菌滋生環境：食物、溫度、濕度、時間。

(2)細菌適應溫度：25～77℃

(3)細菌生產週期是一週，每星期應進行一次徹底消毒。

(4)凍庫的溫度保持在 0～-9.9℃，冷藏庫的溫度在 18.7～21℃。

(5)乾貨間營運物料不與食品包裝等一起放。

(6)標明儲存期。

(7)沖洗、刷洗和消毒所有器皿。

(8)不能在廚房區水槽附近準備食品。

4.物料保持期

(1)生菜：冷藏 6 天，常溫下 2 小時。

(2)新鮮麵包：5 天

(3)新鮮麵包：60 天。常溫下 48 小時（包括解凍 8 小時）

(4)奶漿：12 天(冷藏)

(5)牛肉：冷凍 90 天，冷藏 2 小時

(6)乳酪：冷藏 120 天，常溫 2 小時

(7)薯條：冷凍 270 天，常溫 2.5 小時

5.每日營業後，倉管員需填寫庫存清單，然後再依據庫存清單，擬定需購物品清單。

七、餐廳廢品處理條例

1.牛雜類處理

(1)注意牛雜是否有浪費現象。

(2)固定每星期一、五對外售賣。

(3)由值班經理書面提出申請，經店經理同意後售賣。

(4)每月底由售賣人到財務結賬，取回處理單。

2.廢油處理

(1)油要使用到該換的程度。

(2)廢油到一定量時，由值班經理提出申請，經店經理簽名後售賣。

(3)每月月底由售賣人到財務結算，取回處理單。

3.紙皮等處理

(1)積累到一定量後，由值班經理提出申請，經店經理簽名後售賣。

(2)每月月底由售賣人到財務結算，取回處理單。

八、訂貨稽核

訂貨稽核要參考訂貨稽核表。

表 16-1　訂貨月曆

上　　月：　　　　　　　　　　　　　　　　本月目標：				
營業額：＿＿＿＿＿　餐　廳：＿＿＿＿＿　1.營業額				
			2.調貨低於 4 次	
利　潤：＿＿＿＿　姓　名：＿＿＿＿　3.浪費低於 100 元				
1	2	3	4	5
星期三	星期四	星期五	星期六	星期日
調整萬元用量	訂貨			
6	7	8	9	10
星期一	星期二	星期三	星期四	星期五
浪費	週報	完善訂貨資料	訂貨	

續表

11 六	12 日	13 星期一 大訂餐	14 星期二 週報	15 三
16 星期四 訂貨	17 星期五	18 星期六	19 星期日	20 星期一 浪費
21 星期二 週報	22 星期三 購買訂貨文具	23 星期四 訂貨	24 星期五	25 星期六
26 星期日	27 星期一 浪費	28 星期二 週報	29 星期三	30 訂貨月報 更新盤點本

表 16-2　消耗用品庫存訂購清單

序號	品種	庫存	預訂	序號	品種	庫存	預訂
1	9 盎司杯			21	包裝紙		
2	12 盎司杯			22	託盤紙		
3	16 盎司杯			23	餐巾紙		
4	22 盎司杯			24	捲紙		
5	9 盎司杯蓋			25	塑膠攪棒		
6	12 盎司杯蓋			26	吸管		
7	16 盎司杯蓋			27	保鮮膜		
8	22 盎司杯蓋			28	切片機潤滑油		
9	熱飲杯（大）			29	抹布		

續表

10	熱飲杯(小)			30	菜瓜布		
11	熱飲杯蓋(大)			31	洗衣粉		
12	熱飲杯蓋(小)			32	香皂		
13	8 盎司沙拉碗			33	洗潔劑		
14	24 盎司沙拉碗			34	洗手液		
15	小薯條盒			35	消毒劑		
16	中薯條盒			36	垃圾袋(大)		
17	大薯條盒			37	垃圾袋(小)		
18	漢姆圈盒			38			
19	食鹽			39			
20	打銀紙			40			

表 16-3　收貨入庫單

供貨單位：

發票號碼：　　　　　　　　　　　年　月　日收　第　號

品名	規格	單位	數量	單價	金額	實收

註：收貨入庫單一式五聯，由財務部、收貨組、接收部門、物供部和供應
　　商保存。

表 16-4　訂貨稽核表

	評價結果
(一)庫存 1.庫存是否合理(每種貨抽 3 樣) 2.盤點是否準確 3.盤點本數量與實際庫存量是否一致(每種貨抽 3 樣)	評價結果
(二)資料的檢查 1.調撥是否登記在盤點本上 2.調撥本是否有經理簽名並按規定填寫完整 3.是否有訂貨月曆 4.訂貨月曆是否正確	評價結果
(三)數據的檢查 1.萬元用量是否準確(每種貨抽 3 樣) 2.營業額預估是否合理 3.調進調出的次數是否超過 4 次 4.短貨是否超過 4 次	評價結果
(四)訂貨原則 1.是否適當的數量(不多不少) 2.是否適當的品質(驗貨) 3.是否適當的價格(比價) 4.是否適當的時間(節假日)	評價結果
(五)職能 1.是否保持與供應商的良好信用 2.是否出現過期貨品 3.是否經常檢查庫存 4.是否及時準確完成週報、月報	評價結果

表 16-5　每日庫存清單

日期：　　　　　　　星期：　　　　　　　　經理：

品種	期初	進貨	移交	小計	期末	使用	銷售	差異	訂貨
麵包									
可樂									

表 16-6　產品記錄表

產品名稱	銷售量	餐飲	促銷量	損耗量	產品使用量
產品 1					
產品 2					
產品 3					
產品 4					
產品 5					
……					

表 16-7　產品盤存記錄表

日期	期初量	進貨	調撥	損耗	期末量	用量	售量	差異
1								
2								
3								
4								
5								

表 16-8　領料單

領料部門：　　　　　　　　　　　　　年　　月　　日　　領第　　號

種類	品名	規格	單位	單價	數量	金額	用途	領料人
合計								
倉管員				領料部門負責人				

表 16-9　萬元量用量清單

店鋪：　　　　　　　　　　　　　　　週末日期：

總銷售額（淨銷售額＋優惠券）　　　　　　單　　位：萬元

品名	數量	產品銷售額	佔銷售額%	品名	數量	產品銷售額	佔銷售額%
比薩							
漢堡							

心得欄

- -

- -

- -

- -

- -

- -

第 *17* 章

速食店的設備管理

在速食經營中，通過使用烹調設備、傳送設備、電腦化設備等這些設備，能夠快速有效地生產大量的食品；良好的設備管理，可以為公司提升 QSCV 水準做出貢獻。

一、設備經理的職責

1.負責對維修員的排班、分配任務和追蹤。
2.負責安排、追蹤計劃保養月曆的完成情況。
3.掌握並瞭解餐廳所有設備簡單校準維修工作。
4.保證設備正常運轉。
5.採購零配件或授權追蹤。

二、設備管理的三種工具

1.設備手冊

設備手冊的內容包括：詳細的例圖說明，設備零件資料，安全程序和故障排除步驟，機器型號，生產廠家，聯繫電話，零件編號，

注意事項，訂貨服務。

2.計劃保養手冊

計劃保養手冊詳細說明了每種設備的維護保養程序，並附維護保養卡。如卡 No.20，零件編號蒸魚箱，檢查保養程序爲：

(1)蒸氣噴氣量(日檢)。

(2)蒸箱溫度校準(日檢)。

(3)水量(日檢)。

(4)清潔蒸氣孔(週檢)。

3.計劃保養月曆

(1)列出了執行每項保養工作的時間及週期，協助相關人員安排執行人，並在它完成後予以記錄。

(2)以週、月、半年、一年爲週期。

(3)紅色字體表示該項目會直接影響 QSCV 項目，由中心管理組執行。

(4)黑色字體印刷的項目表示影響機器每月的功能和壽命的項目，由 PM(維修保養員)完成。

(5)最左邊的欄位內的數字代表維護保養卡右上方卡號。

(6)檢查時間代表檢查該項機器所需花費的時間，作爲安排保養時間的依據。

(7)「執行時間」代表核准該項機器所需花費的時間。

(8)當工作完成時，應填寫日期並簽名。

三、維修保養員每日巡視路線檢查

1.看 PM 留言本。

2.看管理組留言本。

3.外用燈箱、看板。

4.大廳照明。

5.大廳風屏及其冷氣機系統。

6.大廳電風扇。

7.洗手間烘手機、洗手液分配器。

8.洗手間水龍頭、沖水器。

9.廚房照明。

10.廚房抽煙機。

11.廚房煎爐、炸爐。

12.廚房保溫櫃、冰箱。

13.廚房爐鏟、肉鏟、容器、第二時間牌。

14.後區三槽及水龍頭。

15.後區洗衣機、制冰機及冰塊。

16.櫃檯咖啡機、橙汁機。

17.三庫及其製冷系統。

四、維修保養月曆

每月都要填寫維修保養月曆，使維修保養工作有計劃，做到防患於未然。

五、設備知識培訓與學習

供應商定期到餐廳組織進行培訓，培訓內容包括設備的使用方法及保養、維護建議。

表 17-1 PM(設備維護員)稽核表

餐廳名稱：_____ 餐廳編號：_____ 餐廳經理：_____

值班經理：_____ 稽 核 人：_____ 稽核日期：_____

總　　分：_____ 上月得分：_____ 稽核等級：_____

A:93～100分　　B：85～92分　　C：77～84分　　D：76分以下

1.能源管理(70分)　得分：

(1)能源調查(9分)　得分：

①能源調查是否至少每半年進行一次(3分)

②餐廳是否有制定能源調查的行動計劃(3分)

③能源調查行動計劃的本月內容是否按計劃進行(3分)

評價結果：_____

(2)能源控制(12分)　得分：

①餐廳是否有能源用量圖表(去年，今年對照表)(3分)

②餐廳是否有每週能源盤存表(水、電、瓦斯)(3分)

③餐廳是否有每週能源用量控制目標(3分)

④餐廳的能源用量(水、電、瓦斯)是否在控制範圍(3分)

　　　　　本月目標　　　　　　　實際

　　　水 _____　　　　　_____

　　　電 _____　　　　　_____

　　　瓦斯_____　　　　　_____

評價結果：_____

(3)色點系統(7分)　得分：

①餐廳所有設備是否有標準的色點系統(3分)

②餐廳是否有設備開關機時間表(2分)

③餐廳的設備是否按開關機時間表開關(2分)

評價結果：_____

(4)冷氣機維護保養(10分)　得分：

①餐廳的冷氣機溫度是否控制在冬天68F，夏天78F(3分)

②冷氣機的濾網是否清潔(至少每兩週一次)(1分)

③餐廳的冷氣機是否有開關機時間表(1分)

④餐廳的冷氣機是否按開關機時間表開關(1分)

⑤餐廳的開關機時間表是否合理(1分)

⑥冷氣機的盤管冷凝器是否清潔(至少每月一次)(1分)

⑦冷卻水泵(電機)是否正常(1分)

⑧備用冷卻水泵是否正常(1分)

評價結果：_____

(5)冷凍、冷藏(10分)　得分：

①冷凍庫、冷藏庫的溫度是否正常(1分)

②冷凍庫的除霜時間是否避開用電高峰期(1分)

③冷凍庫、冷藏庫的門封條是否完整密封(1分)

④冷凍庫、冷藏庫的冷凝器及蒸發盤是否清潔。(1分)

⑤所有制冷設備的冷凝器及蒸發盤是否清潔(飲料機、制冰機、乳酪冰淇淋
　機、冰箱)(4分)

⑥冷氣機主機是否正常(1分)

⑦冷卻水塔是否按時清潔並保持清潔(1分)

評價結果：_____

(6)廚房設備(12分)　得分：

①是否定期按 PM 月曆定期校準煎爐和炸爐(1分)

②是否按營業額製成開關機時間表(1分)

③開啓但沒有使用的炸爐是否蓋好(1分)

④油煙管道是否按計劃每半年清潔一次(1分)

⑤煙道和油煙管道是否清潔(1分)

⑥是否按時間表開關設備(1分)

⑦抽油煙機系統是否正常，沒有滴油等現象(1分)

⑧抽油煙機的主機是否正常(4分)

續表

a. 底座的襯墊(1 分)

b. 電動機底下的襯墊是否堅固(1 分)

c. 皮帶的鬆緊是否合適(1 分)

d. 皮帶輪及電機是否加油(1 分)

⑨是否按計劃保養月曆完成抽油煙機風扇及外罩的清潔(1 分)

評價結果：＿＿＿＿＿＿＿＿＿＿＿＿＿＿＿＿＿＿＿＿＿＿＿

(7)照明與供水的控制(10 分)　得分：

①餐廳照明是否全部爲日光燈或節能燈(1 分)

②餐廳是否按開關機時間表來開關燈(1 分)

③餐廳的所有燈具是否都清潔(1 分)

④餐廳的照明燈具是否都完好(1 分)

⑤餐廳的所有水龍頭是否完好，不漏水(1 分)

⑥後區水槽及水龍頭是否完好(1 分)

⑦餐廳的熱水器是否供熱正常(1 分)

⑧餐廳的洗衣機是否運轉正常(1 分)

⑨餐廳的廁所水龍頭及水箱是否正常(1 分)

⑩餐廳的水壓是否正常(1 分)

評價結果：＿＿＿＿＿＿＿＿＿＿＿＿＿＿＿＿＿＿＿＿＿＿＿

2.維修保養(21 分，每項 1 分)　得分

(1)餐廳是否有足夠的維護保養人員(VIP)

(2)餐廳是否排定維護人員班表，並在排班表上註明工作責任

(3)維護保養工具是否齊全且擺放整齊

(4)餐廳是否備有足夠的營運物料以供維護保養使用(品種、數量)

(5)餐廳是否正確使用各種營運物料

(6)餐廳的地面及踢腳磚是否清潔且無破損鬆動

(7)餐廳的窗戶是否清潔乾淨

(8)牆壁與天花板是否清潔無灰塵或水漬

(9)餐廳內牆紙是否清潔且無捲邊、缺口

(10)餐廳內冷氣機封口是否清潔

(11)餐廳內所有門框、畫框、窗戶框是否清潔

(12)餐廳內所有磁磚是否清潔無破損

(13)餐廳所有桌面、底、腳是否清潔

(14)餐廳所有椅子是否清潔、完好

(15)兒童高腳椅是否清潔、完好

(16)餐廳所有設備的輪子是否清潔且運作正常

(17)餐廳垃圾桶是否清潔完好

(18)餐廳樓梯及週邊走道是否清潔完好

(19)餐廳週邊垃圾桶是否清潔完好

(20)餐廳招牌及週邊照明設備是否正常清潔及完好

(21)餐廳內音響系統是否正常

評價結果：＿＿＿＿＿＿＿＿＿＿＿＿＿＿＿＿＿＿＿＿＿＿＿

3.計劃保養手冊的執行(9 分，每項 1 分)　得分：

(1)餐廳是否有計劃保養月曆

(2)計劃保養月曆中是否設定完成時間

(3)計劃保養月曆中是否安排相應的人員去完成

(4)計劃保養月曆是否按時完成

(5)餐廳是否有 PM 保養手冊

(6)餐廳每種設備是否都有病歷卡並填寫完成

(7)每次設備維修是否都填寫在病歷卡中並附有維修單等資料

(8)抽查當班經理上月設備部所教授的機器課程中計劃保養項目是否能按標準
　完成

(9)抽查計劃保養手冊中，指定人員完成一項他負責的項目的完成情況

評價結果：＿＿＿＿＿＿＿＿＿＿＿＿＿＿＿＿＿＿＿＿＿＿＿

表 17-2　維修保養月曆

30 星期一 檢查所有照明	1 星期二	2 星期三 清理制冰機	3 星期四	4 星期五
5 星期六	6 星期日	7 星期一	8 星期二	9 星期三
10 星期四	11 星期五	12 星期六	13 星期日	14 星期一
15 星期二	16 星期三	17 星期四	18 星期五	19 星期六
20 星期日	21 星期一	22 星期二	23 星期三	24 星期四
25 星期五	26 星期六	27 星期日	28 星期一	29 星期二

心得欄 -------------------------------------

第 *18* 章

速食店的清潔環境

　　速食店是為人們提供飲食享受的場所，如何提供一個衛生、健康、愉快的環境非常重要。清潔是速食店保證衛生的主要手段，是日常工作的一項重要內容。

一、清潔工作的安排

1.清潔工作的原則

注意，清潔工作時不能干擾顧客，這是清潔工作的最高準則。

2.清潔時間安排

⑴隨手清潔

　　隨手清潔是本公司的口頭語和一貫要求，也是所有國際著名速食公司的一致追求。清潔是無止境的，隨手清潔也是每個人的第二工作職責，只要有空，每個人須隨手清潔，保證顧客 100%滿意。

⑵營業清淡時間

　　由於在營業高峰期間，每個人都忙於接客，而忽略了清潔；營業高峰過後，也就在營業清淡時，有大量清潔工作需要做。

⑶員工用餐前

在員工用餐前分配其做完一項清潔工作，然後再去用餐，員工也會樂意去做，因為可以保證提前有個清潔的環境。

⑷停止營業後

沒有顧客，可以放開手腳進行徹底清潔。

3.清潔任務安排

⑴營業中的清潔

營業中的清潔，主要由值班經理負責，值班經理在接班前、營業中和交班後都有相關的清潔工作內容和要求。

①值班前的清潔檢查：包括週邊、大廳、地面、生產區、服務區、倉庫等的清潔檢查，並記錄交辦單，派人清潔。

②值班中的清潔安排：對於自己可以解決的，馬上解決或授權員工解決；對於不能馬上解決的，要制定一個長期清潔計劃，今天做這項，明天做那項，並由值班經理延續追蹤，直至解決為止。

③值班後的總結：交接班時，把未盡清潔事項向下一班值班經理交待清楚，最好把一個乾淨的樓面交給下一班。

⑵停止營業後的內部清潔任務

①櫃檯：餐盤、奶昔、聖代機、咖啡機等。

②後區：負責清洗各區送來的用具。

③大廳：地板、桌椅、樓梯。

④煎區：煎爐、冰箱、薯條區。

⑤炸區：炸爐、冰箱。

⑥週邊：走廊用水沖大刷子刷。

⑦玻璃：正面一、二樓玻璃。

二、清潔內容

為保證餐廳的清潔工作做得更細、更好，餐廳特指派一個經理，帶領幾個員工組成一個清潔小組，專門做清潔工作，其工作內容主要是做當班經理沒有或無遐顧及到的區域的清潔，也叫細部清潔或衛生死角的清潔。

1. 生產區

(1)工作站的外觀。

(2)牆壁——地板——天花板。

(3)不銹鋼。

(4)中心輸送槽。

(5)餐牌與陳列品。

(6)車輪。

2. 大廳

(1)桌子、座位及裝飾。

(2)兒童高腳椅。

(3)牆壁——燈光——天花板——風口。

(4)垃圾箱。

(5)衛生間。

(6)地面和踢腳磚。

(7)調味瓶、胡椒瓶、煙灰缸。

(8)吸管箱。

(9)花草。

3. 週邊

(1)通往餐廳的道路。

(2)停車場。

(3)垃圾桶。

(4)木柵欄。

(5)標誌、看板。

(6)建築物外觀。

(7)過道和窗戶。

(8)門框。

(9)玻璃。

(10)燈箱。

(11)吸水地毯。

4.櫃檯服務區

(1)收銀機。

(2)櫃檯。

(3)地面。

(4)飲料機。

(5)冰槽、冰鏟。

(6)餐盤。

(7)杯子分發器。

5.倉庫

(1)門簾。

(2)蒸發器。

(3)架子。

(4)地板、牆面。

6.休息室

(1)地面。

(2)桌面、椅子。

(3)牆面。

(4)垃圾桶、吸管箱。

(5)踢腳磚。

三、衛生標準化執行

清潔、衛生是營業場所追求的目標。工作手冊告訴工作人員，不清潔會成為工作的障礙，既妨礙了工作的進度，又難以維護高品質的服務。

在觀念中，「清潔」不僅是指字面意義上的清潔，凡是與餐廳的環境有關的事情，都屬於「清潔」的內容，都納入嚴密的監視和管制範圍內。

因此，無論是在櫃檯服務，還是在廚房製作食品方面，工作人員除了完成規定的工作之外，都養成了隨手清理的良好習慣。另外還非常重視餐廳週圍和附屬設施的整潔，連廁所都規定了衛生標準：

(1)餐廳內外必須乾淨整齊，桌椅、櫥窗和設備做到一塵不染；

(2)所有的餐具、機器在每天下班後必須徹底拆開清洗、消毒；

(3)餐廳內不許出售香煙和報紙，器具全部都是不銹鋼；

(4)每隔一天必須擦一遍全店所有的不銹鋼器材；

(5)玻璃每天要擦；

(6)停車場每天沖水；

(7)垃圾桶每天刷洗；

(8)天花板必須每星期打掃一次；

(9)服務員上崗操作時，必須嚴格清洗消毒，先用洗手槽中的溫水將手淋濕，然後使用專門的殺菌洗手液洗雙手，尤其注意清洗手指縫和指甲縫；

⑽手接觸頭髮、制服等東西後，必須重新洗手消毒。

四、清潔物料與使用

1.清潔用具

⑴掃把、簸箕

⑵拖把、抹布(分洗手間、廚房專用共 72 條)、大刷子。

⑶桶、噴瓶

⑷洗潔精、消毒粉

⑸刮刀、毛刷

2.使用洗潔精

一般情況下，1 加侖(4.54 升)熱水(135～145℉)配 1 盎司容量。玻璃例外，1 加侖(4.54 升)熱水配 1/6 盎司容量。

3.消毒粉

1 包消毒粉加 10 加侖(45.4 升)溫水(38.5～50℃)。

4.一噴瓶相當於 24 盎司容量。

5.洗抹布

1 包洗衣精＋1 包漂白粉＋1 包消毒粉可洗 18～20 條網狀抹布或 30～40 條普通抹布。一般 1 包是 100 克。

6.洗圍裙

1 包洗衣精可洗 8～10 件。

7.浸抹布

1/4 包消毒粉加 2.5 加侖(11.35 升)溫水浸 35～40 條。

注意：浸泡抹布和洗抹布的用料要求，是不一樣的。

五、清潔程序及重點

1.地板：掃地──拖地(洗潔精)──刷地(洗衣粉或洗潔精)。

2.廚房用具：熱水沖洗──熱水洗潔精刷洗──溫水消毒。

3.地腳磚：菜瓜布泡清潔精刷──乾淨抹布擦。

4.機器零件：洗潔精清洗──清水沖洗──溫水消毒。

5.油漆、膠等：用辛那水(是一種強洗滌劑)、菜瓜布刷。

6.不銹鋼：用抹布一擦到底，決不來回擦。

7.奶昔聖代機：用能除奶垢的專用消毒粉。

8.冷氣機：定期對冷氣機進行檢修，定期清潔濾網。

9.兒童區：用吸塵器──用抹布

10.玻璃清潔六步驟：

(1)用噴瓶在玻璃上噴灑洗潔精水。

(2)用毛刷用力在玻璃上來回刷。

(3)用刮刀從上往下一刮到底。

(4)用抹布擦乾刮刀再刮。

(5)最後檢查，還有細節，用餐巾紙擦乾淨。

(6)小面積玻璃用紙巾蘸碳酸水擦。

11.衛生間的六大重點：

(1)消除異味：抽風機、新風口，放冰塊，噴消毒水。

(2)鏡子乾淨、明亮。

(3)洗手液充足，分配器，烘手機完好。

(4)地板、洗手池乾淨。

(5)小便器、馬桶要乾淨，及時沖水。

(6)衛生紙保證供應。

六、清潔的標準

1.地板：亮，用手去摸不留髒物。
2.鏡子：沒有別的任何痕跡。
3.玻璃：從側面看不到手印等有任何界面狀。
4.不銹鋼：從側面看沒有任何痕跡，只有一個光面，主要用抹布一擦到底，決不來回擦。
5.馬桶：看不到黃色污垢痕跡。
6.抽油煙管，炸爐：用紙巾擦，紙巾無變黃或變黑，仍是白色。
7.座位：每天清潔 4 次。

七、清潔的考核

清潔考核是保證高品質清潔工作的重要保證，考核結果要與清潔責任人的利益(晉升、加薪水等)相結合。一般採用以下四種方式進行嚴格的清潔考核：
1.清潔技能考核，並作為職位晉升的主要依據之一。
2.清潔績效評估，並作為加薪水的主要依據之一。
3.樓面清潔管理，如不合格，就安排去上課培訓。
4.每月進行一次食品安全衛生鑑定。

八、環境

衛生是環境構成的重要因素之一，當然，除了衛生外，環境構成因素還包括所有能夠對人產生影響的物質因素和非物質因素。以

顧客就餐環境、員工休息環境、員工工作環境等三方面爲例,分別介紹除了衛生之外的其他環境因素。

1.顧客就餐環境

(1)音樂:餐廳播放一些輕音樂,聲音大小以「有聽則有,無聽則沒」爲標準。

(2)冷氣機:餐廳一年四季備有冷氣機,特別是夏天,更爲重要,給顧客恰到好處的室溫,夏天 72~68℉,冬天 78~74℉。

(3)空氣:餐廳應裝有回風口和新風口,餐廳氣壓大於外界氣壓,洗手間氣壓小於餐廳氣壓,保證餐廳有新鮮、優質的空氣。

(4)門口風簾:防止蚊蠅進入餐廳。

(5)花草:餐廳在牆壁上放一些盆景,在大廳設置幾塊綠地。

(6)畫:餐廳在牆壁四週掛上一些有檔次的壁畫。

(7)裝修:按速食公司標準,給顧客一個寬敞明亮、明窗幾淨、脫俗典雅的氣氛。

(8)報紙:餐廳備有兩種近三天的報紙。

2.員工休息環境

(1)有音箱。

(2)有冷氣機。

(3)有桌椅。

(4)有畫冊。

(5)豐富趣味的海報。

(6)有錄影帶、電話。

(7)有餐廳一些資料。

(8)定期安排員工清潔。

3.員工工作環境

員工工作環境除了可以看得見、摸得著的物質環境以外,更重

要的是在一起工作的文化環境。

　(1)公司的文化理念。在公司，所有工作人員無貴賤之分，大家都是餐廳的一份子，互相以大哥、大姐或名字相稱，給員工創造一個家庭式的良好氣氛。工作的勞累在一聲聲的「請」和「謝謝」中化爲烏有，在經理的耐心示範下重樹信心。

　(2)公司提供全方位的加薪和晉升機會，及時表彰和獎勵出色的員工，從而大大提高員工工作積極性和工作熱情。

　(3)公司實行透明的、公開的政策，爲員工舉辦活動和生日會，使員工在公司得到的不僅僅是薪水，而更是一種樂趣。

　(4)公司具備完備的訓練，使員工掌握技術，多一份生存的能力。

心得欄

第 *19* 章

速食店的保全管理

保全管理是保障速食店的人員、物料和現金的安全。
其中，現金安全是連鎖速食店餐廳保全管理中的突出問題。

一、保全職責

保全管理是餐廳內每個人的職責。
1.執行店內巡視檢查。
2.執行開鋪打烊間隔法。
3.執行現金政策。
4.負責大門安全。

二、餐廳安全系統

1.在各大門處裝 24 小時感應密碼報警器，連通附近派出所。
2.後門、側門、乾貨間門裝有警鈴，開關在經理室。
3.各門用大而安全的鎖，後門、大門可以兩面反鎖。

4.餐廳各大門及保險櫃有三套鑰匙，其中一套備用，兩套輪流使用。

5.第二天早班領取大門鑰匙開店，交班隨鑰匙一起交。財務及組長，值班經理領取收銀機抽屜鑰匙。

6.晚班與財務確認現金簽字後，加以亂碼，只把大廳鑰匙帶回家。

7.餐廳經理室裝有火警報警系統。

三、餐廳安全規則

1.不定期抽點抽屜，可防止員工做手腳。

2.兩小時撿一次大鈔，可減少因搶劫而造成的損失。

3.授權人員和進貨人員及送垃圾才可從後門出入。

4.員工補貨需管理人員陪同。

5.員工打烊下班後，必要時可以查包。

6.不當班的員工或其他業務人員不允許入餐廳內部。

四、不安全情況處理

1.發現破壞或搶劫時，在保證人身安全的情況下，請撥打「110」，並通知店長。

2.發現餐廳現金中其他重要物品被盜時，先通知店長，由其決定是否報案。

3.員工和顧客有意外傷害時，請立即送往醫院。

4.大門警鈴或火警響起，經理必須立即去該區域瞭解情況，並作處理。

5.發現員工的偷竊或故意破壞行為，立即解聘，情節嚴重的送司法機關處理。

6.對經理或員工的不安全行為，立即糾正，必要時作紀律處分，造成損失的還須做其他處理。

7.遇到打劫保持鎮靜，完全合作，記住打劫者特徵。

8.劫匪跑掉後，記住逃離方向，報警、通知店長或更上一級，封鎖出事範圍，保護好現場，寫下事件過程，與警方合作，不要公佈被劫金額。

五、保全管理的間隔開鋪打烊法

1.間隔開鋪法

(1)所有開鋪員工集中在餐廳旁。

(2)檢查週圍有無可疑人員，如有則報警。

(3)留一人在電話機旁，讓其經理及員工進入餐廳，如有可疑，則報警。

(4)經理進入餐廳後，留一人守在餐廳電話機旁，確認安全後，讓外面守電話的員工進入，如發現情況，餐廳守電話員工立即報警。

(5)以上保證了一旦發現情況不妙時，都有人報警。

2.間隔打烊法

(1)檢查所有區域，包括洗手間、垃圾房，是否有人。

(2)打烊，員工下班須統一離開，有人守電話。

(3)員工離開餐廳後在外面守電話，使餐廳最後一個人離開、鎖門。

六、人員的安全

1.操作的安全，特別是指生產區的安全，必須嚴格按照標準操作，不圖快，不省事。

2.三心，即小心、愛心、關心。

3.藥物準備，主要是創可貼、燙傷藥、紅花油等。

4.化學藥品的使用，使用餐廳中有腐蝕性的清潔劑時，注意說明書小心使用。

七、物料的安全

1.定期滅蠅、滅鼠。

2.保證冷凍、冷藏庫的溫度。

3.搬運時小心、不用力裝卸。

4.時刻注意有效期，避免貨品週期而造成浪費。

5.每天營業結束後，盤點貨物。

6.必要時可在營業中清點物料。

八、現金的安全

1.現金管理政策

(1) 2 小時撿一次大鈔。

(2)把錢放到保險櫃裏。

(3)不用的收銀機上鎖。

(4)一人負責一台收銀機。

⑸經理打開收銀機時，員工本人一定要在場。

⑹員工收銀誤差超過 10 元，口頭警告；超過 50 元，書面警告；超過 500 元賠償。

⑺書面警告 5 次或賠償 3 次以上者，解聘。

⑻員工收到餐券應撕角並通知經理其數值。

⑼現金應處於三種狀態：

①收銀機內；

②保險櫃內；

③在收銀員、店經理的管理中，如在清點或存儲。

⑽定期存款，每天至少兩次。

⑾保持準確詳細的現金及其有價證券記錄。

⑿雜費支出需申請、批准，批准權限為：值班經理 50 元以內，第一副理 100 元以內，然後當天報銷。

⒀檢查某個時段內的平均消費額，查看是否有少輸入產品的情況。

⒁出現誤打、退款、換產品等情況應請當班經理處理。

⒂零用金：餐廳自備 1500 元零用金，用作雜費。當少於 500 元時，從營業額中撥補併入機，填寫支出申請單，店長簽字。

⒃保險櫃管理政策：

①每半年改一次密碼；

②人員可變動改密碼；

③所有現金或相當貴重物都放入保險櫃，並接班盤存；

④人離開時必須亂碼，並鎖上自己的鎖。

2.現金控制

⑴控制內容

①超收：表示有人少將產品打入收銀機，而將錢拿走。

②短收：表示員工將錢拿去，或是不正確地換零錢，或是找零錢速度太快。

③誤收：表示員工誤把 50 當 100 元，誤將假鈔當真鈔。

(2)控制方法

①隨時抽查收銀機。

②遵守正確的收付程序。員工在收錢時應這樣做：

・收款前，顧客所點產品名目都應入機。

・用響亮、清晰的聲音說出交易額。

・收到付款時，先將鈔票的金額說出來。

・用驗鈔機檢驗真偽。

・找錢後，將大鈔放在抽屜的下面。

・管理人員不應在員工使用的收銀機上錄入產品交易，特殊情況應徵求員工同意。

③當出現收款額與所點產品不符時，必須通知櫃檯經理處理，退錢還須顧客等經手人簽名。

④對於顧客遺失的金錢須妥善保管、處理，促銷品需記錄，有經理簽名，額外收入應作其他收入入機，員工不收小費。

⑤對於與顧客現金有爭論時，應立即清點抽屜。

⑥對於退款數超過其收入的 10%，應注意其行徑。

⑦定期檢查收銀機是否正常操作。

⑧收銀員開據的發票金額與收銀機內金額必須一致。

3.現金記錄

適時的現金記錄和營業狀況記錄，也是保證現金安全的重要手段。

表 19-1　保全稽核表

(一)現金安全	
1.是否每小時抽查一次	評價結果：＿＿＿＿＿＿＿
2.更改產品單時是否有三方簽名	＿＿＿＿＿＿＿
3.是否一天存款二次	＿＿＿＿＿＿＿
4.是否遵守存款制度	＿＿＿＿＿＿＿
(二)安全制度	
1.保險櫃密碼是否按規定更換	評價結果：＿＿＿＿＿＿＿
2.保險櫃鎖是否按規定更換	＿＿＿＿＿＿＿
3.餐廳的門鎖是否按規定更換	＿＿＿＿＿＿＿
4.餐廳的鑰匙交接是否按規定	＿＿＿＿＿＿＿
5.餐廳是否按規定鑰匙交接記錄和密碼記錄	＿＿＿＿＿＿＿
(三)間隔程序	
1.是否遵守間隔開鋪法	評價結果：＿＿＿＿＿＿＿
2.面對打劫是否明白處理程序	＿＿＿＿＿＿＿
(四)安全系統	
1.報警器是否完好	評價結果：＿＿＿＿＿＿＿
2.是否裝有火警系統	＿＿＿＿＿＿＿
3.員工下班是否查包	＿＿＿＿＿＿＿
4.送貨人員是否禁止進入餐廳	＿＿＿＿＿＿＿
5.補貨是否有經理陪同	＿＿＿＿＿＿＿
6.盤點差異大時是否有追蹤原由	＿＿＿＿＿＿＿

4.存款

每日兩次存款，時間下午 15：00，晚上 21：00。

(1)自己送存的要求

自己送存一定要注意安全，並遵循如下操作要領：

①不能走同一線路。

②不穿制服。

③有 2 人以上，其中 1 名經理。

④每日的金額需店長核對。

⑤取回存款收據。

⑥不能兩筆款一起去存。

⑦存款數必須自己先與收銀機核對無誤。

(2)銀行上門收款的要求

如果是銀行上門來取，需要注意如下操作要領：

①核實銀行人身份。

②如未按時來取，請電話聯繫店長。

③如銀行沒來取，請主動去銀行存。

(3)存款記錄，登記存款記錄表。

心得欄

第 *20* 章

速食店的目標管理

　　目標管理與控制，是速食店管理的重要內容。沒有目標，速食店經營管理就失去了方向和動力，速食店經營的成績就無法衡量，速食店餐廳經營就會逐漸下滑。

一、什麼是目標的特性

目標是漢堡連鎖店組織和個人活動所指向之目的。

1.明確性

(1)瞭解所要實現的是什麼。

(2)對所需求的行爲明確陳述，並要具體。

2.可衡量性

(1)目標是可以檢查和衡量的。

(2)可衡量性是和明確性直接聯繫在一起的，並可以通過行爲陳述或統計數字來檢查目標實現的情況。

3.先進性

先進性包括兩個方面，可以被形象地描述爲:「使勁跳,够得著」。

(1)有挑戰性：目標要具有挑戰性，不能輕易被實現。

⑵可實現性：目標不能設定太高，不能超過自己的能力和職位。

4.個別性

⑴目標是由誰去負責完成的。

⑵對於自己，這個特性是指「我」對此負責，「我」就是完成目標的人，但「我」不必完成目標中每一項工作，而需要別人的幫助，因為「我」就是這次工作的「駕駛員」。

5.時間限定性

目標應有時間規定。相關的時間限度，總是明確包含在目標之中。良好的目標總是成體系的，目標體系一般分為短期目標、中期目標和長期目標。

6.成果性

目標主要是強調成果，而不是強調活動。活動是完成目標的手段。例如，制定一個提高生產率的目標，其活動是通過培訓、追踪、激勵。

目標的特性也是目標設定的原則。如果一個目標不寫下來，不符合以上特性，那就不是一個目標，只是一個願望，而願望是很少實現的。

二、目標管理的優點

1.有益於更好地管理

目標是計劃的核心，有了目標，才會去進一步考慮組織、人員、資源和實現的方法。

2.進一步理清組織結構和組織關係

目標管理應有明確的過程，各個職位應該圍繞所期望的目標建立起來，也應當為實現目標而努力。

3.使每個人都有所承諾

目標管理的有一個極大的好處，就是鼓勵人們專心於他們的目標。他們現在都是有明確目標的個人，而目標有助於培養他們的責任感。當他們能控制自己的命運時，他們便成爲熱心的人。

4.為控制工作制定了依據

當實際結果與目標出現偏差時，控制工作可以確保目標的實現。

三、目標管理的過程

1.設置總目標

初步在最高層設置總目標，如餐廳本月營業額 2000 萬，利潤 500 萬。如果是定量目標，那麼可明確考核；如果是定性目標，雖然不能考核，但可衡量，例如「九月份完成某某商圈系統的規劃」。

2.明確組織的作用

要實現目標，不管總目標還是分目標，組織有著很重要的作用。要提高營業額，離不開各個行政組織：訓練組提供的良好訓練，排班組實施的合理的工時控制，還有訂貨組、公關組等，都會爲提高營業額做出應有的貢獻。

3.分解總目標，並把分目標落實到下屬人員

爲了實現總目標，必須爲下屬人員(或下屬人員必須爲自己)設立分目標。例如，要提高利潤，必須有促銷，才能降低成本。因此，相關人員應當各有自己的分目標。

4.不斷調整、平衡目標

目標的設定和實現是一個反覆循環的過程。在實現目標的過程中，隨著目標的完成情況和現實條件的不斷變化，需要不斷調整總目標、分目標以及他們之間的相互關係。當某分目標出現異常，可

能會引起其他分目標的改變。例如，出現營業額偏高，就會引起訂貨量大、工時多等。

四、目標類型及相應的控制措施

目標在企業中，是無時不有，無處不在。本餐廳目標不應當是單一的一個目標，而應當是一個體系。在不同的層次、不同的部門、不同的業務、不同的階段，都應當有不同的目標，這些目標構成了目標體系。本連鎖店目標例如：

1.開店目標

(1)作爲一個地區代理或次代理，應該有個在本地區幾年內開幾家連鎖餐廳的目標，並爲這個目標而奮鬥。

(2)根據趨勢，在發展過程中重新調整目標。

(3)不斷考核進程，糾正偏差，爭取達到目標。

2.每月班表上目標

(1)營業額 500 萬。

(2)品質、服務、清潔水準(A，B＋，B 等級)。

(3)本月招募人數

3.營業額目標

(1)明確地爲餐廳制定年(長期)、月份(中期)以及日(短期)營業額目標。

(2)對於年目標、月目標，會有一個中途調整過程。

(3)根據營業額目標需制定許多分目標。如促銷活動帶來多少營業額，新產品推出帶來多少營業額，提高品質、服務、清潔帶來多少營業額(一般，每提高一個等級可增加 5%營業額)等。

4.利潤目標

利潤目標 100 萬/月，其分目標是：

(1)水，電 10%。

(2)半成品浪費 0.3%。

(3)成品浪費 0.5%。

5.應產率目標

(1)奶昔：4.15 杯/昇。

(2)聖代：8.4 杯/昇。

(3)薯條：410 小包/100 磅。

6.奶昔的控制目標（舉例）

把奶昔提升至 4.15 杯/昇。爲實現此控制目標，可以落實到如下具體工作目標：

①機器校準（氣奶比例）。

②加奶小心，不漏在地上。

③斟出重量，不超重。

④糖漿供應正常，不造成扔掉損失。

⑤操作小心，不打翻或污染。

7.各行政組的目標

(1)訓練組做到 3/30 計劃。

(2)排班組定薪水佔 3%。

(3)訂貨組食品成本 40%。

8.員工個人目標

(1)一個月過三個工作站。

(2)這個月拿下最佳員工稱號。

(3)下次昇遷訓練員一定榜上有名。

爲了達到以上目標，可完成如下具體工作目標；

①學會所有工作站。

②工作 80 小以上。

③出勤率好。

④良好帶頭作用。

⑤標準性高。

⑥100%顧客滿意。

9.值班目標

櫃檯服務速度低於 60 秒。為此，須做到：

①每個員工必須櫃檯小跑步。

②薯條要保持供應，安排人員够。

③産品要保持供應，與厨房溝通。

④專門有人備膳。

⑤櫃檯經理鼓勵，追踪，以身作則。

10.大廳經理的目標

(1)餐盤必須在客人離後 10 秒內清潔。

(2)洗手間必須人走後即沖水。

(3)地板保持乾淨。

11.餐廳工作目標

平衡「利潤」與「顧客滿意」關係。

12.訓練目標

提供傑出的品質、服務、清潔水準，以及令人鼓舞的營業收入增長和最佳利潤。

13.團隊的目標

(1)提高顧客的滿意水準。

(2)降低食品成本或損耗。

(3)完成訓練計劃。

(4)提高標準。

(5)建立餐廳保全制度。

(6)提高營業額。

(7)制定員工活動計劃。

(8)解決餐廳的安全問題。

五、控制目標的達成

1.確定標準

標準是衡量實際業績和預期業績的尺度

2.對照這些標準衡量業績

(1)要有預見性並及時衡量做出的業績。

(2)難以制定標準的，只能以設想、預感為依據來衡量業績。

3.糾正偏差

根據偏差出現的原因，可考慮如下一些糾偏措施：

(1)主管人員可以重新制訂計劃或調整他們的目標來糾偏。

(2)也可以運用組織職能重新委派人員或明確職責，以此糾偏。

(3)還可以採用增加人員或更妥善地選撥和培訓下屬人員，達到糾偏的目的。

(4)最終解僱，重新配備人員。

(5)用更高明的領導。

六、「針對服務速度」的案例

1.制定目標：服務速度 60 秒

2.衡量標準：用秒錶測試

3.出現偏差：用了 80 秒

4.糾正偏差：區分為下列 4 個步驟，「收集資料」、「分析事實」、「制定計劃」、「實施計劃」，加以改善。

(1)收集資料

①將預估的實際交易次數、服務時間及觀察所得的信息作為基礎。

②將收集到的事實與餐廳目標進行比較，找出機會點。

③實際服務速度用了 80 秒，顧客排列超過三個。

(2)分析事實

使用人員、產品和設備清單找出問題的根本原因。具體內容包括：

①人員：櫃檯人員，生產人員，品管，薯條人員，飲料員。

②產品：輸送槽產品，薯條，保溫櫃內產品。

③設備；炸爐，煎爐，保溫櫃，飲料塔。

④組織；團隊合作。

(3)制定計劃

①找出產生瓶頸方面，如薯條供應不足。

②採取行動打通瓶頸，增加薯條人手，並鼓勵其加油。

③保持服務和生產系統的平衡，廚房必須協調好。

④檢查員工班表，是否合理地配備了人員，如廚房人手少或配備了不適合的人員。

⑤使用餐廳員工崗位安排指南。

⑥採取行動，杜絕再發生，在高峰前安排好人。

(4)實施計劃並進行評估

對照計劃進行改造，再次收集事實，瞭解變化是否取得了預期的成效，根據需要進行調整。實際改造中，通過櫃檯增加備膳員、

飲料員各 1 人,薯條也增加 1 人,協調好廚房工作,服務速度迅速
提高到了 58 秒。

心得欄 ----------------------------

第*21*章

速食店的檢查系統

檢查系統是速食店餐廳的神經系統，它對餐廳正常運作和進一步完善非常的重要。所提供的各種資訊是餐廳經理日常經營管理決策的主要依據。

一、檢查系統的作用

1.明確責任、促進考核

每一個成員都必須清楚地知道餐廳經理和所有工作人員的職責是什麼，他們的成績是如何考核的，以及測評過程中考核的標準又是什麼。只有通過檢查，才能進一步明確和落實這些內容。

2.反應變化、適應變化

餐廳員工的工作心態和消費者的消費心理隨時都有可能發生變化，只有通過檢查，才能發現這些變化，從而作出人事、產品、服務、價格戰略上的相應對策。

3.協調複雜、消除錯誤

一個餐廳並不複雜，但上百家餐廳要協調的話，包括促銷、採購等跨度較大事項，沒有有效的檢查系統及其準確、及時的信息傳

遞，是不可能合理安排的。另外，在餐廳的經營管理過程中，無論是經理人員還是普通員工，難免會犯錯誤，通過日常的檢查制度不僅可以反應並解決這些問題，而且還可以避免這些問題的發生，提高工作的有效性。

4.有效追踪、放心授權

授權的最後一步就是追踪，即檢查。只有通過合理的檢查，才能使被授權人很好地完成任務，授權人不被蒙蔽和失去控制。

二、檢查的原則

檢查系統有以下三個原則。

1.控制點原則

抽查某些關鍵點，就可以控制全局。因此，尋找這些關鍵點是至關重要的。

2.客觀真實的原則

檢查是從主觀真實到客觀真實的過程，但最終要的是客觀真實。

3.概率原則

檢查並不是普查，而是經常性是通過抽查並按照概率來判別情況的。切記，局部不等於全部，但可以反映全部。

三、檢查方式

1.行政檢查

上對下可以越級檢查，這也是上級的一種工作責任。

(1)常規檢查：一般的店內 QSCV 檢查，還有每月一次的品質檢查。

(2)巡視檢查：加盟人（老闆）到各個店去檢查。

通過行政檢查，經理或加盟人員可以獲得如下好處：

①通過巡視可以直接瞭解工作現狀。

②向下屬表示你的存在。

③給下屬表現自己的機會。

④能及時解決工作和服務之間的問題。

⑤拉近與員工之間的關係。

(3)目標檢查：檢查完成情況與預定目標之間的差距。例如，對某一促銷活動帶來的效果進行檢查，或對推出新產品的檢查。

(4)專業行政工作檢查：對人事財務、排班、訂貨、訓練等方面的檢查，即稽核。

2.值班檢查

值班經理需要處理一切事務，對餐廳運營負全面責任，因此值班經理在值班前要進行檢查，值班中要按時巡視。

3.秘密檢查

以「神秘顧客」的身份光臨餐廳，採取非公開手段進行全面觀察、詢問、記錄，但只限於工作範圍。

4.反饋

上級通過行政檢查或「神秘顧客」對餐廳進行秘密檢查，對取得的數據資料進行統計、分析，然後把意見通知餐廳，要求或幫助其進行整改，該處理的要處理，該獎勵的要獎勵。

四、檢查的三個步驟

1.建立標準。

2.根據已建立的標準檢查工作。

3.糾正偏離標

五、人員檢查與考核

使用考核表，對人員加以考核。

六、餐廳檢查內容

使用餐廳檢查表，加以考核餐廳。

表 21-1　對人員檢查與考核的要點

	因素	考核要點	得分(滿 5 分)
成績考核	工作的正確性	1.工作是否仔細認真(有否浪費、不勻、勉強)？	
		2.所完成工作的內容是否達到預期效果？	
		3.工作完成後，文件是否妥爲整理和保管？	
		4.有否反省？有否再犯同樣的錯誤？	
	工作速度	1.在所指定的時間內，工作完成情況如何？	
		2.工作完成的程序是否正確？	
		3.工作的程序與準備有否浪費、不勻、勉強的地方？	
		4.有否因重做工作而造成延誤？	
	對指示的理解	1.是否因迅速正確地把握了指示的重點？在工作上應用如何？	
		2.對問題有否積極發問而加深理解？	
		3.對突發事件能否採取應變措施？處理的內容是否合乎主管的意思？	
		4.有否擅自主張太多而引起麻煩？	
		5.有否因草率判斷引起失敗的事實？	
		6.有否忘記指示的情況？	

態度考核	報　告	1.報告的正確性、速度、適時性如何？	
		2.報告的內容對上司的正確判斷有無參考價值（有否寫意見、建議等）？	
		3.對失敗有否隱瞞？	
		4.與上司的溝通是否良好？	
	積極性	1.對改善現狀是不是有高昂的願意與熱情？	
		2.是否有不心甘情願的工作態度？	
		3.是否積極地學習業務工作上所需要的知識？	
		4.是否堅持到底、不畏挫折？	
	協作性	1.是否堅持立場、促成團結與合作？	
		2.有否陽奉陰違的行為？	
		3.有否與他人作無謂的爭執？	
		4.對後進者是否親切關照？	
		5.是否樂意協助他人的工作？	
	責任心	1.是否能認清自己在組織中的立場與角色，並對此負責到底？	
		2.其工作是否不再令人操心？	
		3.是否不必一一指示監督，也能明快、迅速地執行工作？	
		4.對工作中的失誤是否往往逃避責任或辯解？	
		5.對主管有否敷衍現象？	
		6.是否讓主管覺得人很可靠？	
	紀律性	1.是否能遵守工作規則、標準及其他規定？	
		2.在時間或物質上有否公私不分現象	
		3.有否以不實的理由請假或遲到？	
		4.有否唆使他人破壞規定？	
		5.服裝或態度有否不整、不規矩現象？	

續表

能力考核	知識技能	1.是否具備所擔當職務的一般知識？	
		2.有否具備執行職務工作所必須的專業知識？	
		3.對判斷的一般知識、看法、常識、教育程度如何？	
		4.能否把知識充分地運用到複雜而困難問題的處理上？	
		5.對工作是否自信？	
		6.被問到問題，是否會有措手不及的現象？	
		7.對本企業產品是否具備一般知識？	
		8.是否時常提出新構想，富有創造力，為提高職務執行效果作出努力？	
	理解判斷力	1.能否正確地理解自身職務內容和上司指示？	
		2.能否正確地把握自身職務所扮演的角色？	
		3.能否正確掌握問題所在、事物的相互聯繫，加以整理、分析，適時作出恰當的結論和對策？	
		4.對平時不太熟悉的工作是否也能根據經驗或稍加努力即予以圓滿地完成？	
		5.能否根據已有的知識、事例、經驗，洞察未來的或未知的事項，並作出全盤性的判斷？	
		6.是否作出過草率、錯誤的判斷或措施？	

表 21-2 餐廳檢查內容

檢查內容	分數(每題1分)
1.品質	
(1)能否提供公司規定的所有品種	
(2)產品是否準備充足、得當，服務週全	
(3)產品是否大小得當，分量合適，儲存合理	
(4)加工用油及其使用合格	
(5)熟食新鮮，順序使用合理	
(6)麵包新鮮，順序使用合理(扒爐)	
(7)蔬菜新鮮，各種色拉、頂盤齊全	
(8)飲料溫度合適，服務週全	
(9)嚴格依照公司配方烹製	
(10)烤箱溫度正常，產品香脆得當	
2.服務	
(1)顧客進門即受歡迎	
(2)接受點菜迅速	
(3)員工採用建議式銷售	
(4)對顧客重覆點菜內容	
(5)八分鐘之內顧客即可享用食物	
(6)所提供的食品與顧客點菜相符	
(7)員工禮貌、和氣，職業氣息濃	
(8)必說「謝謝您」及其他禮貌用語	
(9)店內根據客流適當充實人員。	
(10)培訓員工掌握必要的產品知識。	
3.清潔	
(1)店外清潔，無垃圾雜物	

第 *22* 章

速食店的激勵技巧

　　企業是人的企業，每個人都有自己的期望和目標。激勵就是激發人的動機，使人具有所期望的目標前進的內在動力。激勵是企業的「兩油」：一是動力油；二是潤滑油。

一、員工的實際需求

　　既然激勵使人有股朝期望的目標前進的內在動力，那麼每個人所期望的目標又是什麼呢？要弄清這一點，就必須瞭解人的需要層次。據美國心理學家馬期洛的理論，人的需求可以分五個層次：

(1)生理需求。

(2)安定或安全需求。

(3)歸屬和交友的需求。

(4)尊重或地位的需求。

(5)自我實現的需求。

在具體工作中，員工的實際需求通常表現在如下一些方面：

(1)薪金和待遇。

(2)作業安全，勞動保護，醫療保險，醫療報銷。

(3)工作條件，生活質量、樂趣。

(4)公司政策和行政管理，例如開門政策，作息時間。

(5)工作監督，參與管理。

(6)人際關係、歸屬感、與人爲善。

(7)權力、地位。

(8)賞識、認可。

(9)晋昇。

(10)責任。

(11)工作中的成長、培訓、出國機會。

(12)成就感、自豪感。

(13)富有挑戰性的工作，企業有發展，項目有發展，個人有發展。

二、激勵的原則

根據員工的需求，應當遵循如下一些激勵原則；

1. 企業第一

體現了員工對成爲公司一員而深感自豪的企業文化。當員工感到企業了不起，員工才會因此而拼命。所以要激起員工的積極性，就要讓員工知道企業有前途，讓員工們也說「我是漢堡連鎖店的人」。

2. 尊重人權

在本連鎖店餐廳，職工不論職位高低一律以大哥、大姐相稱，不准加任何頭銜，甚至可直呼職員的名字，使員工感到公司有人情味，有種歸屬感。

3. 保持公平

公平理論的基本觀點是，員工的努力程度(受激勵程度)不僅受

到自己經過努力所得到的報酬絕對量的影響，而且受到報酬相對比較的影響。如果下面的公式不成立，那麼員工就會感到不公平。如果一個員工覺得自己的所得與付出之比不及別人，那麼他就會降低積極性。

$$自己的付出/自己所得的報酬＝別人的付出/別人的報酬$$

4.保持希望

按照激勵的期望理論：激勵力＝效價×期望值。

其中，激勵力就是指對員工激勵的強度，效價就是一件事情對員工的有用程度（或價值），期望值就是實現或完成這件事情的可能程度（或概率）。所以，在激勵員工時，要給員工一個通過努力可以達到的目標，比如當班經理爲 12：00～13：00 時段確定的營業額爲一萬元，現在離結束的時間還差 10 分鐘，離完成營業額目標還差2000 元。如果當班經理告知目前狀況和目標，鼓勵員工努力，則員工的積極性會大大激發起來。

5.市場機制

按市場規律辦事，要吸引、保持優秀的人員爲企業服務，必須在報酬、獎金、培訓等方面具有優勢。

6.管理人性化

激勵對象是人，激勵是通過某些行爲或措施對人產生影響。這裏所說的某些行爲或措施不僅是物質上的，更是精神上的，特別是表現在人性化的管理上。

7.培訓

培訓是創造學習的機會，增加個體競爭的能力。獎勵和薪水給人的是錢，培訓給人的是換錢的本領。

8.增加職工參與的機會

增加職工參與的機會，使他們有做主人的感覺，更能激發他們

的責任心和戰鬥力。

9.禮貌氣氛

企業內部充滿了親情般的氣氛，洋溢著溫暖的感覺，大家熱情禮貌，真心相待，像一個大家庭，使人產生對工作的興趣，激發了工作積極性。

10.幽默管理

工作本來就是壓力，出了問題更是煩惱，這時如果能來上一個小幽默，大家立即感到輕鬆、心情也舒展多了。如果這時被挨上一頓批，心情便會一落千丈，大大影響後來的工作。但下屬出現差錯不糾正是不可以的。要解決這個予盾，只有採取幽默「化干戈為玉帛」。如一個員工不小心掉了一塊麵包，管理人員可以說：「我們小王真孝順，土地爺又有一頓美味了，以後可別這樣。」

三、激勵的機制

激勵是企業管理的重要元素，企業必須建立一個激勵機制，使激勵有效地發揮作用。

1.思想工作

(1)要點

①對事不對人，談行為不談個性。

②己所不欲，勿施於人。

③力圖便員承認錯誤。

④傾聽員工的想法。

⑤強調您需要員工的幫助。

⑥徵求解決方案。

⑦達成共識。

(2)處理員工投訴

不論是顧客投訴還是員工投訴，投訴等於機會。對於員工的投訴，要公平、迅速、熱情作出反應，表明立場，並在以後改進工作，防微杜漸。

(3)表揚人的方式

①明確肯定員工工作。

②指出對小組工作的重要性。

③說明認可方式。

④表明對員工充滿信心。

⑤表揚要具體：如「多虧剛才小王的加班」。

2.獎懲制度

(1)獎懲原則

①獎：引著往前去；懲：打著往前進。獎、懲都是激勵，但應以獎爲主。

②該獎不獎，對立功者不平；該懲不懲，對守法者不平。

③處罰從輕不從重。

④按規章制度行事。

(2)獎懲方式

①管理組時刻追踪每一位員工，店長追踪每一位經理。

②隨時用語言或物質獎勵員工，並張貼海報。

③對工作表現不良的員工進行溝通、輔導。

④對犯錯誤的員工實行警告、處分等。

3.培訓

(1)職工培訓是老闆給職工最好的禮物。

(2)員工進餐廳前一次簡介，工作後有一兩次培訓及其他新產品培訓等。

(3)經理有職前簡介，工作站培訓，初級、中級、高級、機器設備等管理培訓。

(4)經理還有出國培訓的機會

4.考核與提升

(1)提升的依據是考核。

(2)依據考核，考察其知識；依據業績，考評其能力；依據表現，評價其品格。

(3)在擔任上一級職位時的表現，是考察其能力的重要手段。

(4)人員的適當流動，會增加其提升的機會。

(5)逐級提名，隔級批准。

(6)告訴大家昇職的程序是：員工——訓練員——組長——二副——一副——店長或更高的管理層，人人都有機會。

5.員工權利的保護

(1)安全保護

保證安全操作，合理作息時間，防止環境污染，健全工傷保險制度。

(2)員工參與管理

一個企業的決策需要員工的參與，採納員工良好的建議，既有利於企業的發展，又有利於提高員工的積極性。

6.薪金

(1)有一定競爭力的最低薪水標準，如員工 2.8 元/小時，見習經理 1000 元/月。

(2)經理每年評估一次，薪水浮動一次；每年根據物價水準漲幅一次；職位昇遷，薪水也隨著上昇。

(3)員工每半年評估一次，薪水浮動一次，如有昇遷，薪水也隨著上昇。

(4)薪水以昇遷變化為主，評估為次。

7.福利

(1)員工工作時間超過 4 小時以上有半小時帶薪用餐時間。

(2)經理在工作時間享有免費用餐。

(3)為經理和全職員工辦社會保險。

(4)公司提供制服。

(5)每年兩次員工活動。

(6)為員工舉行週年、五年、十年紀念活動，並有紀念品。

8.工時

(1)員工根據自己的需要，向餐廳提供錄活的工時，最多不超過 40 小時，保證作息時間。

(2)由於餐廳需要，讓員工等候，有等候工時。

(3)員工開會、訓練也算工時。

9.職業安全、穩定

(1)餐廳與員工簽訂合同，不無故解聘員工。

(2)餐廳提供安全的作業制度。

(3)餐廳完善的保障制度。

10.工作環境、工作條件

(1)餐廳提供佈置不凡的員工休息室。

(2)餐廳有優美的音樂和舒適的環境。

(3)餐廳為員工過生日，感覺家庭的溫馨，人人真誠，以禮相待，互相幫助，使員工有歸屬感。

11.公司政策和行政管理

(1)公司實行開門政策，員工有問題可直接找上司。

(2)經理實行人性化管理。

(3)員工有參與管理的權利，員工利益受到尊重。

12. 員工的成長歷程

(1)明確他們的位置和處境。

員工一進餐廳，讓他明白現在的位置，今後培訓和發展機會，薪水增長與福利制度，使其有個遠期目標，如我什麼時候、如何才能昇遷爲訓練員。

(2)強調他們對餐廳的重要性。

肯定每個員工目前的工作崗位對團體的重要性，只是分工不同。對於在不同職務、不同工作崗位上作出貢獻的員工都給予獎勵，使每個員工都爲目前的地位而自豪。

(3)經常爲他們設定目標。

給目前員工都設立一個目標，如這週成品浪費控制在 5%以內，並有獎懲，促使他有目的地去努力。

(4)強調他們的責任。

例如，讓一個訓練員來控制打烊用的營運物料，他會感到一種責任並努力，同時餐廳也節約了費用。

(5)讓他們在工作中成長。

通過對員工工作的培訓和職別上的昇遷，使其在工作中成長，從而提高工作的積極性。當一個人從藍領到白領並管理衆多員工時，他是多麼自豪。

(6)安排富有挑戰性的工作。

在櫃檯給組長制定服務速度爲 1 分鐘的目標，他一定會爲這個目標而努力的。

(7)要賞識他們。

對於工作表現好的員工，給予多排班，挑重擔的機會，使其因受賞識而更加努力工作。

(8)營造一個好的人際關係。

人事環境能給人帶來樂趣，也能給人帶來痛苦。與人融洽相處、不受排擠，並能參與管理，就能在工作中找到樂趣，進而積極工作。

四、激勵的具體措施

1.評選最佳員工

根據如下四個標準，每月評選一名最佳員工，貼榜公佈，保存一年，並獎以物品，同時作爲昇訓練員的首選。由訓練組評選，每月一名。

(1)是否具有良好團隊合作精神。

(2)是否具有良好顧客滿意意識。

(3)是否具有良好體質和精神狀態。

(4)是否具有較高工作標準。

2.晉昇爲訓練員

晉昇標準：符合訓練員標準(以具有帶動性、高標準、易溝通爲主)。被評過最佳員工者爲最優，最終由管理組評選。

3.評最佳訓練員

評選標準爲：在訓練員的標準中以高標準出現，並且能影響訓練整體，參與管理，提高整個餐廳的標準，每季一個。

4.對員工評估

每半年對員工進行一次全面的總結，根據其表現、業績、考勤、獎懲情況評定爲傑出、優秀、良好、改進四個級別。鼓勵其再接再厲，指出其缺點，並幫其改正。評估一次，薪水浮動一次。其步驟是：

(1)明確工作中的優缺點。

(2)確定產生問題的原因。

(3)找出可採用的激勵方式。

(4)就行動步驟達成一致。

5.對訓練員評估

要求訓練員定期述職，並對其進行評估。評估內容主要針對其在訓練方面作出的貢獻(是否心情輕鬆，講解清楚，示範全面，因材施教等)，評估辦法同對員工的評估。

6.訓練員考核

定期對訓練員進行考核，以新知識、訓練知識爲考核依據。優秀以上者有獎。

7.員工處罰

根據其出勤率和差錯情況有口頭警告、書面警告、解聘三種。

8.每年一次員工活動

全餐廳組織去戶外舉行聯歡活動，如郊遊、爬山、聚會、歌舞、遊戲、抽獎、生日活動、分組比賽(例如人餐廳內部或餐廳間定期舉辦籃球賽、聯歡會、棋藝比賽等活動)等，活動時帶好食品，餐廳暫由少數人看管。

9.每半年一次員工大會

員工大會是一項豐富多彩的活動，內容包括：各行政組講話、有獎問答、員工生日、娛樂活動、抽獎活動，評選最佳天使，公佈優秀員工，總結過去，展望未來，動員大家挑戰未來。

10.經理大會

各餐廳在經理每年召開一次經理大會，研討營運計劃，交流感情，並舉辦大賽。

11.經理年會

各餐廳經理每年一次年會，在大酒店舉行，內容是聚餐活動，增加凝聚力和創造良好氣氛。

12. 組織技術比賽

比服務態度、比生產標準與速度、比清潔、比促銷手段；餐廳內比，餐廳間比；每日一星，分別給予獎勵，每週或每月總評一次；地區與地區之間進行明星賽，規模龐大，考核嚴明，管理者積極參與。

13. 定期培訓

定期給員工學習知識，提高素質。當有新設備、新品種時，立即組織員工培訓。隨時給員工灌輸工作、生活、學習上的有益建議，樹立一個良好家庭氣氛，使之有歸屬感，使員工隊伍穩定下來。

14. 意見調查

定期對全體員工進行意見調查，發調查表，並保密。

15. 召開溝通會

定期召集員工溝通會，相互溝通、提建議、傾訴不平，使員工有公平感。

16. 家庭宴會

開業前一天，允許本餐廳員工攜帶家人 2 位用餐。

17. 隨時隨地獎勵員工

漢堡連鎖公司自製很多 PIN(別針)，用於隨時隨地獎勵員工，留作紀念。

五、考核系統

要使員工發展，必須給予壓力，並且要有衡量辦法。

1. 考核機制與考核辦法

(1)自我考核：值班時拿考核表自己評估。

(2)互相考核：值班時讓另一經理來給自己評估。

(3)單位考核：上級對整個餐廳評估。

(4)專項考核：新頒發文件、舉行比賽的考核。

(5)定期考核：對經理每年一次的評估。

(6)平時考核：根據平時表現，隨時隨地評估。

2.考核要點

(1)成績考核。

①工作的準確性。

②工作的速度。

③對指示的理解程度。

(2)態度考核。

①報告。

②積極性。

③協作性。

④責任心。

⑤紀律。

(3)能力考核。

①知識技能。

②理解判斷力。

3.工作評價

(1)績效評估。

①100%顧客滿意。

②員工的工作熱情和積極性。

③正確、合理的經營管理。

④營業額增長。

⑤時間控制。

⑥自我發展。

(2)樓面鑑定。

①班前的檢查表。

②品質控制(成品、半成品)。

③服務。

④清潔。

⑤樓面計劃。

⑥領導能力。

⑦餐廳巡視。

⑧溝通能力。

⑨食品安全。

(3)技能鑑定。

不同級別的技能學習,進行不同等級的技能鑑定。

①完成學習計劃。

②機器。

③樓面。

④行政工作。

(4)評估。

利用 QSCV,進行評估。

表 22-1　員工評估

1. 100%顧客滿意──預見顧客之需求,爲顧客著想,提供超期望服務。	超標	達標	未達標
(1)提供熱而新鮮的產品。			
(2)提供給顧客 100%正確和產品。			
(3)有效快速地處理顧客的投訴。			
(4)以個人的影響使每個顧客有賓至如歸之感。			
(5)提供快速服務。			

續表

(6)提供印象深刻的服務。			
2.團隊合作——與其他工作夥伴一道積極工作達成目標，採取考慮他人的感受和需求的行為，注意自己的行為對他人的影響。			
(1)以團隊的分子參與工作，積極作出貢獻。			
(2)支持工作夥伴反饋和滿足顧客的需求。			
(3)當需要時幫助團隊夥伴完成工作。			
3.工作目標——為自己和其他夥伴設定高的工作目標和標準，從工作的各方面考慮未完成任務，以達到顧客滿意。	超標	達標	未達標
(1)仔細、正確地遵循餐廳工作程序（現金、煎肉、食品安全、消毒）。			
(2)在任何工作站為不斷提高工作表現而努力。			
(3)持續準時上班。			
4.工作適應性-通過個人的調整來適應工作時段和職責範圍。			
(1)在快節奏的環境下工作出色。			
(2)在時間壓力下以完成任務為自豪。			
(3)在未要求下樂意提供給顧客幫助。			
首先對員工做出單項評估：超標、達標和未達標。			
然後對員工做出綜合評估：			
1.傑出 2.優秀 3.良好 4.需改進			
加薪：			
上次評估：			
員工意見：			
經理簽名：			
時間：			

第 *23* 章

速食店的成本管理

　　成本控制是速食店的關鍵問題，將獲得利潤的一個重要因素是降低成本。如果成本控制不好，那麼可能只靠吆喝賺錢；只有把成本控制好，才能真正賺錢。

一、成本的構成

每一份完成品都包含著兩種成本：
　1.直接成本：薪水及原材料。
　2.間接成本：管理費用和促俏費用。
　　在所有的成本項中，有一些成本是可以控制的，即通過大家的努力可以減少成本投入；還有一些成本是無法控制的，即無法通過經營活動中的努力來減少它。
　1.不可控制成本：房租。
　2.可控制成本：薪水、水、電、物料及食品。

二、降低可控制成本的方法

1.人力成本
⑴提高生產力
提高生產力的手段包括：

①訓練，使員工更熟練。

②激勵，提高員工士氣。

③追蹤，保證員工更加熟練、更加努力。

⑵排班
①排班經理嚴格按照可變工時崗位安排指南排班。

②嚴格控制 40 表，避免超工時現象。

⑶值班時控制工時
控制工時的方法包括如下一些：

①把合適的人安排合適的崗位。

②與排班經理溝通。

③優先、合理安排並負責追蹤「固定」工時。

④調整員工數目。

⑤提高生產力，經理以身作則，創造氣氛。

⑥調整預估營業額和工時百分比。

⑦安排第二工作站。

⑧輪流在低峰時休息用餐。

⑨每小時檢查一次計劃，根據需要調整計劃。

⑩排班儘量控制在 7 小時以下，一般 6 小時。

⑷控制訓練工時
各個工作站的訓練都要有規定訓練工時，包括簡介、看錄影節

目、值班經理負責追踪。

⑸人員結構的合理使用

一般員工能幹的活，儘量不讓訓練員或更高一級的人幹，訓練員要與普通員工合理搭配，非熟練員工要與熟練員工互相協調。

2.水、電、物料的成本控制

⑴水的控制

①洗手池採用手按式水龍頭或感應式。

②做到隨時摔緊水龍頭。

③備有儲水池。

④每日檢查用水量，是否漏水和盜水。

⑵電的控制

電器設備一般都有專門的色點系統，即用不同顏色線註明的機器開關時間。

①照明色點系統：根據營業時間決定開燈區。

②用節能燈照明，並隨手關燈。

③每日清潔冷凝器，蒸發器。

④定期清潔冷氣機濾網。

⑤機器用電色點系統：根據營業狀況及營業時間決定開機數。

⑥大、中冷庫門器完好，裝有門簾。

⑦冷氣機用電色點系統：根據室內溫度開關機，送風與製冷協調使用。

⑧電風扇系統；電風扇可以正反轉動，夏天正轉把風口的冷空氣往下壓，冬天逆轉把室內渾濁空氣往上送入回風口。

⑶物料的控制

①滴油時間 5～10 秒，並注意技巧。

②勤撈油渣，保護油的使用壽命。

③油槽要加蓋。

④每天濾油，可延長 10 天使用壽命。

⑤回收大廳調味品，櫃檯嚴格控制調味品的配送，一般一配一，控制在 0.02%左右。

⑥櫃檯紙巾搭配：一般是一配一，但飲料不配。

⑦包盤墊紙：根據需要可以分成半張，1/4 張。

⑧櫃檯奶昔，聖代要稱量。

⑨各機器的校準：咖啡，可樂，橙汁等。

⑩薯條裝盒技巧，不正確的裝盒 100 磅倍少 10～20 標準小袋。

3.食品成本的控制

(1)產品叫製過程的控制

什麼時候需要叫製產品，叫製多少，需要把握好時機和叫製量。餐廳有專門的叫製員，和專門的叫製表。叫製表是按照「產品 10 分鐘存量」公式計算出來的。平時，值班經理掌握叫製表，並按照叫製表及根據實際觀察，把需要加工產品的訊息傳達給叫製員，然後由叫製員向生產區叫製。

「產品 10 分鐘存量」的公式：產品 10 分鐘存量＝{[營業額比率×產品分比÷產品價格]÷6}（經驗系數）。營業額比率是一小時的營業額；產品分比是某一產品佔銷售額的百分比；6 是一小時有 6 個 10 分鐘；經驗係數是科學的經驗總結，例如 3/4。

(2)成品控制

①所有時段都有指定的產品叫製員。

②產品叫製員使用產品叫製表。

③產品叫製員根據提供的預估營業各項叫製。

④值班經理或櫃檯經理不斷給叫製員訊息。

⑤共同努力減少特定產品和特定時段的損耗量。

⑥棄置桶內的損耗品數量與成品損耗表一致。

⑶半成品控制

①煎區隊伍配合良好，使用溝通、協調合作的技巧。

②所有生產設備完好（校準肉鏟）。

③營業低峰時，減少調理台及冰箱儲物量。

④炸區保溫箱貼有「保存量」。

⑤棄置於桶內的損耗品數量要與半成品損耗表一致。

⑷應產率控制

· 所有容器刮乾淨。

· 機器校準。

· 凍薯條小心處理。

· 薯條裝籃技巧。

· 時間及溫度準確。

· 裝袋技巧。

· 奶昔機校準。

· 奶昔稱量，標準線。

· 奶昔比例。

· 奶昔袋擠乾淨。

· 冰淇淋高度，聖代稱量。

· 飲料杯不够時應加冰塊，而不加可樂。

⑸安全控制

①保險箱上鎖。

②管理組檢查接貨。

③後門只在接貨和出垃圾時開啟。

④無論何時打開後門，須有管理組人在。

⑤儲區能上鎖的須上鎖。

⑥員工餐飲由經理人員入機。

⑦櫃檯防止失竊。

⑧每班抽查收銀機兩個。

⑨每桌檢查促銷量是否相同。

⑹報表控制

①損耗表：登記準確。

②存貨：盤點準確。

③促銷報表：促銷品盤點準確。

④使用量：收銀機 POS 報表計算準確。

⑺預估和控制

①建立一個預算

②維持在預算內

三、食品成本控制方案

1.控制主要負責人

值班經理。

2.主要控制方法

⑴合理提出採購。

⑵嚴格控制檢查進貨。

⑶進行比價採購。

⑷準確好第二天的切片單。

⑸嚴格按標準製作。

⑹嚴格按照先進先出的原則。

⑺保證完好的冰箱庫房設備，凍庫要及時除霜。

⑻廢棄要登記，不超過 0.5%，超過將書面警告。

(9)折扣、支票要登記。

(10)盤點要準確。

(11)每日要計算主要產品的差異。

(12)做好安全工作，包括晚上保安。

3.考核目標

(1)首先計算產品的實際成本。

(2)與實際成本偏差不超過 10%。

(3)食品成本最終控制在 40%以內，每日每月算食品成本。

表 23-1　產品叫製表

小時營業額＼產品種類	比 薩	牛 排		
1000～2000 元	1～2 個	2～3 個		

（註：表內的數字是對應產品的 10 分鐘存量）

心得欄 -----------------------------------

第 24 章

速食店的財務管理

　　速食店財務管理，包括現金管理、資產管理、薪水管理及財務分析。良好的財務管理制度，有益於監督加盟店的誠信和經營行為、當地市場狀況及全公司財務上的統一。

一、每日工作流程和內容

- 關注昨日營業額及其與預估營業額之間的差異，留意當日預估營業額。
- 仔細看管理組留言簿，記下與自己相關事項。
- 對收銀工作站進行盤點，內容包括：營業額、收銀機鑰匙、零用金、備用金及其他有價證券。
- 記錄盤點結果，並簽名，確認與前班經理所留結果是否無誤。
- 填寫當日稽核袋及其他如 TC(交易次數)比賽表格。
- 營業開始前開機上線。
- 存前日剩下營業款，存入公司帳戶，下午再存一次款，取回存款憑據。
- 去銀行換零錢。

- 用筆記本登記員工現金盈虧和退錢情況。
- 及時給櫃檯員工準備零錢。
- 2 小時撿一次大鈔。
- 不定期每個班次抽查 2 次。
- 報銷餐廳的零用金，填寫零用金單，需購買人和經理簽名。並分類登記在零用金袋上，然後自己簽名。零用金快用完要申請撥補。零用金袋用完後統一請老闆審核裏面的零用金單並簽名，送會計部。
- 向公司申請用完的有價促銷券。
- 領取發票，用完後登記，再換回發票。
- 準確迅速對下班的收銀員點錢，記錄在稽核袋上，如有錯收讓員工簽單。
- 對本班次的收支情況匯總登記在稽核袋上，打出收銀機報表。
- 與換班財務人員交接工作情況。
- 晚班財務核對早班現金收支與報表數據。
- 制服收取押金。
- 填寫轉帳單送公司財務換支票支付開支。
- 離開收銀機時要亂碼，並且鎖上自己的鎖。
- 打烊後下線，把該輸的所有資料輸入收銀機，關機。
- 計算出本日的營業狀況，毛收入、淨收入、零用金、TC（交易次數）、幹 TC、餐飲、促銷、累計及其差額。
- 月末計算整月利潤情況，營業收入減去可控制費用和不可控制費用後的利潤，並對每日、每週、每月的營業狀況存檔。
- 從訂貨、人事那邊得知原輔料成本和薪水成本（每月）。
- 每週一次把每日營業收入及其 POS 報表送特許總部，並計算食品庫存及成本。

- 每月把流水費 9%(6%管理費＋3%廣告費)彙入特許總部帳號。完成公司規定的每日報告。
- 把完成的工作內容及需交待事項留言在管理組留言本上，保持良好溝通。
- 協助值班經理管理樓面，特別樓面忙時要主動幫忙。
- 每天提供收入情況，每月提供總收入、支出明細及分析報告給上司，使上司清楚瞭解餐廳處於盈利還是虧本狀態，及如何更有效利用資金和爭取更大利潤。
- 制定出各個支出的目標，及如何去控制達到目標，如薪水佔總支出 20%，原輔料佔 32%。
- 以上內容之外的普通財務人員基本職責。

二、現金報表上記錄的資料

(1)前一天關機時的金額。

(2)以前的金額累計。即開機前收銀機上顯示的總金額數。

(3)超收需有超收條並有簽名。

(4)售出的餐券。POS 表與盤存平衡，如有差異應以實際存貨來確定。

(5)其他收入。不計入流水費的收入，如紙皮、廢油等，記錄金額、種類、數量。

(6)營業額稅款。

(7)非產品淨營業額。如玩具等，記錄名稱、數量、金額。

(8)賒銷營業額。接到歸還的欠款時記入應收款項，記錄賒銷姓名、地址、金額。

(9)兌換的餐券，以手頭的餐券金額為準。

⑽現金盈虧。

⑾每日現金總額。指當天收銀機內的現金總額。

⑿零用金。

⒀意外損失。記錄下保險索賠號碼、警方案卷編號及金額。

⒁每日現金存款總額。即需存入銀行的現金。

三、平衡現金報表

按照前面的排列序號，當日營收狀況可以通過如下一些公式來反映。

(1)總營業額＝1－2－3－4－5

(2)應納稅的營業額和稅款＝1－6

(3)產品淨營業額＝2－7－8＋6

(4)全部的淨營業額＝3＋8

(5)當日現金總額＝4＋7＋11＋4－9－10＋5

(6)存入的現金＝5－12－13

四、資產負債表

從餐廳開業之日到製作該報表時，餐廳的資產、負債和淨值反映了當時的財政狀況。

(1)資產應與總負債和淨值相等。

(2)資產主要分為流動資產、固定資產及其他資產等三大類。

(3)流動資產。流動資產包括存入銀行現金和短期債券。流動資產受應收帳目、預期費用、庫存影響很大。

(4)固定資產。最初的購買價格減去折價後的數值就是固定資產

現值。

(5)其他資產。付出的安全保證金,將來可退回;累積攤提後的已裝修改造的租債房屋;累積攤提後的設備;初期授權費、押金等。

(6)負債。當前的(一年內)、長期的(一年後)和所得稅(薪水稅)負債。

(7)流動債務。應付帳、薪水增長、利息增長、稅收增長。

(8)其他債務。應還借貸,包括應付股東利息、銀行貸款及其他債券。

五、現金管理制度

收銀工作站是一個由收銀員、收銀機與零錢袋組成的獨特單位。現金的存量應當始終保持在一定水準。

(1)每日開張及交接班前,收銀員都要仔細清點收銀機及零錢袋,錢數要與規定的一致。兩位經理都要確認數目的正確性。

(2)營業過程中,所收款項全部放入收銀機中,一人負責一台收銀機,而且只能由指定收銀員收款,不用的收銀機上鎖。除此之外,只有當班經理和財務經理可以接觸錢款。

(3)當收銀員接班或下班時,打開收銀機,清點款數,這時才能正確算出收入錢款及有無長缺。當員工收銀誤差超過 4 元,口頭警告;超過 10 元,書面警告;超過 50 元賠償。書面警告 5 次或賠償 3 次以上解聘。

(4)加盟者在認為必要時所收款項可以隨時交給值班經理並要保持與收銀機記錄單一致。營業中收銀機內的錢款要儘量保持最少。當班經理要經常巡查,及時收取多餘錢款。2 小時撿一次大鈔,並把大鈔放到保險櫃去。經理打開收銀機時員工本人一定要在場。每

日下班前要由當班經理打開收銀機，清點錢數，並與收銀機打印出的現金記錄單數目相符。收銀庫(用來存錢的地方，如保險櫃)與零錢袋的數目符合要求，開出的現金工作單要與所收款項保持一致。完成所要求的記錄工作，將所有錢款(包括所收款項、收銀庫袋和零錢袋及存款)及記錄單都放入保險櫃上鎖。收銀機抽屜整夜應敞開空放。

(5)錯收報告用於記錄每日營業中使用收銀系統出現的差錯情況。當收銀員在收銀時鍵錯數目或品種，沒有必要消除這個錯誤而應該：

①鍵入正確的數目，先用心接待顧客。

②在錯收單上記錄並簽名。若時間允許時，解釋錯收事件。向當班經理彙報，請他們簽單。

(6)餐廳自備 5000 元零用金，用作雜費。當少於 2000 元時，從營業額中撥補，並入機，填寫支出申請單，店長簽字。

(7)每日兩次存款，時間爲下午 15：00，晚上 21：00，或次日早上 10：30 前自己送存，一定要注意安全。安全事項包括：

①不能走同一線路。

②不穿制服。

③有 2 人以上(其中 1 名經理)。

④金額需店長核對(每日)。

⑤取回收據(存款)。

⑥不能兩筆款一起去存。

⑦存款數必須自己先與收銀機核對無誤。如銀行上門收款需注意：

‧核實銀行人身份。

‧如未按時來取，請電話聯繫店長。

• 如銀行沒來取，請主動去銀行。

(8)相關的財務人員，每日依據準確的記錄單數據，詳細、無誤地填寫現金記錄袋，以便查帳和及時上報總公司當日的營運情況。

六、財務管理制度

(1)漢堡連鎖店餐廳的產品價格(包括各類食品、飲料、佐餐等)，是按不同地區統一定價。

(2)根據法規，財務人員除了需制定有關財務報表(資產負債表、損益表)外，每日關門前按照總公司統一的各分店的電子郵件表格(見表 24-1)如實填寫，並附上一份現金記錄表(見表 24-2)及日營業收入清單傳真至公司。每星期五中午 12 點鐘之前向總公司匯出一週回顧表，並將總流水的 9%匯入總公司的帳戶。月底依據日營業收入清單填寫營業狀況記錄，並同預估損益表傳真至總公司。

表 24-1　每日電子郵件表格

(每日關門前填寫)

經理姓名		店名		日期		星期	
發郵件時間		錯收數額		退款數			
總工時		薪水總額		勞務成本		%	
已用麵包		優惠券銷售：＋/－		減價銷價：＋/－			
售出比薩		售出大套餐		每日特價			
營業總額							
最新記錄							
發件人姓名							

表 24-2 現金記錄表

正面：

星期＿＿＿＿，值班經理＿＿＿＿ 營業收入＿＿＿＿ 天氣＿＿＿＿，交易次數＿＿＿＿＿＿

SKIN 時間	1 線	2 線	3 線	合計	經理
合計					
姓名					存款
時間					零用金
金額					盈虧
盈虧					經理

背面：

保險櫃記錄

經理	時間	找零錢	備用金	其他

存款記錄

時間	準備人	存款人	金額

表 24-3　每日營業收入清單

店舖名稱＿＿＿＿＿　時間＿＿＿＿＿　填表人＿＿＿＿＿　值班經理＿＿＿＿

TC			
產品收入			
其他收入			
餐券回收			
餐券出售			
現金盈虧			
存款金額			
非產品收入		數量	金額
生日費			
玩具收入			
其他品種 非產品收入	1		
	2		
	3		
	4		
非產品收入合計			

存款單填寫

存款	金額
晚班	
三班	
合計	

一週回顧　　　　　　　　　　經理_____　　　日期_____

項目	日	一	二	三	四	五	六	平均
毛銷售額								
淨銷售額								
優惠券								
減價								
合計								
麵包								
可樂								
蔬菜								
……								
浪費量								
合計								

表 24-4　營業狀況記錄

項目	本日	本週	本月
TC(交易次數)			
AC(平均消費額)			
銷售淨額			
零用金			
現金盈虧			
OVERING(超收)			
REFUND(退款)			
用餐成本(員工用餐)			
促銷成本			
應存款			

表 24-5　預估損益表

店名＿＿＿＿＿＿　　日期＿＿＿＿＿＿　　單位：元

代號	項目	預估	佔%	實際	佔%	去年同期及佔%
01	營業淨收入					
02	營業成本					
A	食品					
B	包裝成本					
C	運輸及倉儲費					
03	營業毛利					
04	可控制費用					
A	服務員薪水					
B	管理人員薪水					
C	勞保費					
D	員工用餐					
E	差旅費					
F	廣告費					
G	促銷費					
H	公用事業					
I	勞務費用					
J	制服					
K	營運費用					
L	修繕及保養					
M	文具用品					
N	現金盈虧					
O	醫藥費					
P	員工集會及旅行					
Q	雜費					

續表

05	可控制費用							
06	不可控制費用							
A	租金							
B	服務費							
C	會計及律師費							
D	保險費							
E	利息							
F	推銷及折舊							
G	其他							
	總計							
07	營業外收入							
08	營業外成本							
09	營業外利潤							
10	盈虧							

表 24-6　現金稽核

(一)保險櫃	評價結果
1.是否有過夜借條	
2.零用金是否合理	
3.找零錢是否合理	
4.其他券是否合理	
(二)報表	評價結果
1.稽核袋是否填寫完整	
2.零用金袋是否填寫完整	
3.零用金報銷單是否填寫完整	
4.POS 單是否保存完整	

（三）制度	評價結果
1.現金違紀是否有記錄	
2.員工現金違紀是否按公司政策處理	
3.員工薪水是否有誤	
4.所有支出是否有店長簽名	
（四）數據	評價結果
1.員工現金差錯率是否低於 0.04%	
2.員工總計前更改和總計後更改是否低於 20%TC	
3.退産品是否低於 1%	
4.非正常打開抽屜是否低於 10 次/桌	
（五）發票	評價結果
1.發票單是否有 POS 單	
2.發票是否經理開	
3.發票使用是否按規定更換	

七、薪水管理制度

(1)在連鎖店開業初期，員工的薪水宜先定低一些，以後可以隨著營業狀況及當地的薪水水準進行浮動。轉正後，每位員工享有昇遷的機會和半年評估加薪的機會。

(2)一般員工的薪水：店長薪水是 20000 元，一副 15000 元，二副 12000 元，見習經理 9000 元，組長 45 元/小時，訓練員 35 元/小時，員工 28 元/小時，轉正後 30 元/小時。

(3)合同工人採用月薪制，薪水等級由總經理（店長）制定；計時工的薪水，實行計時制。休息時間：工作四小時有半小時有薪用餐

時間，如遇停電等原因，員工有等候工時。根據餐廳需要和勞動法規定，員工有加班的機會，並付加班薪水；每週工作不超 40 小時，否則以 1.5 倍薪水計薪。

(4)每月薪水結算一次，把薪水明細表給員工，把薪水數報請店長批准，保證每月 25 日結算薪水。

(5)排班經理每日應根據員工的實際出勤辛填寫「每日勞務記錄」，再交予相關的財務人員，便在每週末填寫「薪水支出匯總表」。

心得欄

圖 書 出 版 目 錄

下列圖書是由憲業企管顧問（集團）公司所出版，以專業立場，為企業界提供最專業的各種經營管理類圖書。

1. 傳播書香社會，凡向本出版社購買（或郵局劃撥購買），一律 9 折優惠。
   服務電話 (02) 27622241　(03) 9310960　　傳真 (02) 27620377
2. 請將書款用 ATM 自動扣款轉帳到我公司下列的銀行帳戶。
   銀行名稱：合作金庫銀行　　帳號：5034-717-347447
   公司名稱：憲業企管顧問有限公司
3. 郵局劃撥號碼：18410591　　郵局劃撥戶名：憲業企管顧問公司
4. 圖書出版資料隨時更新，請見網站　www.bookstore99.com
5. 電子雜誌贈品　回饋讀者，免費贈送《環球企業內幕報導》電子報，
   請將你的 e-mail、姓名，告訴我們編輯部郵箱 huang2838@yahoo.com.tw
   即可。

------ 經營顧問叢書 ------

4	目標管理實務	320 元	22	營業管理的疑難雜症	360 元
5	行銷診斷與改善	360 元	25	王永慶的經營管理	360 元
6	促銷高手	360 元	26	松下幸之助經營技巧	360 元
7	行銷高手	360 元	30	決戰終端促銷管理實務	360 元
8	海爾的經營策略	320 元	32	企業併購技巧	360 元
9	行銷顧問師精華輯	360 元	33	新產品上市行銷案例	360 元
12	營業經理行動手冊	360 元	37	如何解決銷售管道衝突	360 元
13	營業管理高手（上）	一套	46	營業部門管理手冊	360 元
14	營業管理高手（下）	500 元	47	營業部門推銷技巧	390 元
16	中國企業大勝敗	360 元	52	堅持一定成功	360 元
18	聯想電腦風雲錄	360 元	56	對準目標	360 元
19	中國企業大競爭	360 元	58	大客戶行銷戰略	360 元
21	搶灘中國	360 元	60	寶潔品牌操作手冊	360 元

233	喬‧吉拉德銷售成功術	360 元
234	銷售通路管理實務〈增訂二版〉	360 元
235	求職面試一定成功	360 元
236	客戶管理操作實務〈增訂二版〉	360 元
237	總經理如何領導成功團隊	360 元
238	總經理如何熟悉財務控制	360 元
239	總經理如何靈活調動資金	360 元
240	每天學點經濟學	360 元
241	業務員經營轄區市場（增訂二版）	360 元
242	搜索引擎行銷密碼	360

《商店叢書》

4	餐飲業操作手冊	390 元
5	店員販賣技巧	360 元
8	如何開設網路商店	360 元
9	店長如何提升業績	360 元
10	賣場管理	360 元
11	連鎖業物流中心實務	360 元
12	餐飲業標準化手冊	360 元
13	服飾店經營技巧	360 元
14	如何架設連鎖總部	360 元
18	店員推銷技巧	360 元
19	小本開店術	360 元
20	365 天賣場節慶促銷	360 元
21	連鎖業特許手冊	360 元
23	店員操作手冊（增訂版）	360 元
25	如何撰寫連鎖業營運手冊	360 元
26	向肯德基學習連鎖經營	350 元
28	店長操作手冊（增訂三版）	360 元

29	店員工作規範	360 元
30	特許連鎖業經營技巧	360 元
32	連鎖店操作手冊（增訂三版）	360 元
33	開店創業手冊〈增訂二版〉	360 元
34	如何開創連鎖體系〈增訂二版〉	360 元
35	商店標準操作流程	360 元
36	商店導購口才專業培訓	360 元
37	速食店操作手冊〈增訂二版〉	360 元

《工廠叢書》

1	生產作業標準流程	380 元
5	品質管理標準流程	380 元
6	企業管理標準化教材	380 元
9	ISO 9000 管理實戰案例	380 元
10	生產管理制度化	360 元
11	ISO 認證必備手冊	380 元
12	生產設備管理	380 元
13	品管員操作手冊	380 元
15	工廠設備維護手冊	380 元
16	品管圈活動指南	380 元
17	品管圈推動實務	380 元
20	如何推動提案制度	380 元
24	六西格瑪管理手冊	380 元
29	如何控制不良品	380 元
30	生產績效診斷與評估	380 元
31	生產訂單管理步驟	380 元
32	如何藉助 IE 提升業績	380 元
34	如何推動 5S 管理（增訂三版）	380 元
35	目視管理案例大全	380 元
36	生產主管操作手冊（增訂三版）	380 元
37	採購管理實務（增訂二版）	380 元

38	目視管理操作技巧(增訂二版)	380 元
39	如何管理倉庫（增訂四版）	380 元
40	商品管理流程控制(增訂二版)	380 元
42	物料管理控制實務	380 元
43	工廠崗位績效考核實施細則	380 元
46	降低生產成本	380 元
47	物流配送績效管理	380 元
49	6S 管理必備手冊	380 元
50	品管部經理操作規範	380 元
51	透視流程改善技巧	380 元
55	企業標準化的創建與推動	380 元
56	精細化生產管理	380 元
57	品質管制手法〈增訂二版〉	380 元
58	如何改善生產績效〈增訂二版〉	380 元
59	部門績效考核的量化管理〈增訂三版〉	380 元
60	工廠流程管理〈增訂二版〉	380 元

《醫學保健叢書》

1	9 週加強免疫能力	320 元
2	維生素如何保護身體	320 元
3	如何克服失眠	320 元
4	美麗肌膚有妙方	320 元
5	減肥瘦身一定成功	360 元
6	輕鬆懷孕手冊	360 元
7	育兒保健手冊	360 元
8	輕鬆坐月子	360 元
9	生男生女有技巧	360 元
10	如何排除體內毒素	360 元
11	排毒養生方法	360 元
12	淨化血液　強化血管	360 元
13	排除體內毒素	360 元
14	排除便秘困擾	360 元
15	維生素保健全書	360 元
16	腎臟病患者的治療與保健	360 元
17	肝病患者的治療與保健	360 元
18	糖尿病患者的治療與保健	360 元
19	高血壓患者的治療與保健	360 元
21	拒絕三高	360 元
22	給老爸老媽的保健全書	360 元
23	如何降低高血壓	360 元
24	如何治療糖尿病	360 元
25	如何降低膽固醇	360 元
26	人體器官使用說明書	360 元
27	這樣喝水最健康	360 元
28	輕鬆排毒方法	360 元
29	中醫養生手冊	360 元
30	孕婦手冊	360 元
31	育兒手冊	360 元
32	幾千年的中醫養生方法	360 元
33	免疫力提升全書	360 元
34	糖尿病治療全書	360 元
35	活到 120 歲的飲食方法	360 元
36	7 天克服便秘	360 元
37	為長壽做準備	360 元

《幼兒培育叢書》

1	如何培育傑出子女	360 元
2	培育財富子女	360 元

3	如何激發孩子的學習潛能	360 元
4	鼓勵孩子	360 元
5	別溺愛孩子	360 元
6	孩子考第一名	360 元
7	父母要如何與孩子溝通	360 元
8	父母要如何培養孩子的好習慣	360 元
9	父母要如何激發孩子學習潛能	360 元
10	如何讓孩子變得堅強自信	360 元

《成功叢書》

1	猶太富翁經商智慧	360 元
2	致富鑽石法則	360 元
3	發現財富密碼	360 元

《企業傳記叢書》

1	零售巨人沃爾瑪	360 元
2	大型企業失敗啟示錄	360 元
3	企業併購始祖洛克菲勒	360 元
4	透視戴爾經營技巧	360 元
5	亞馬遜網路書店傳奇	360 元
6	動物智慧的企業競爭啟示	320 元
7	CEO 拯救企業	360 元
8	世界首富　宜家王國	360 元
9	航空巨人波音傳奇	360 元
10	傳媒併購大亨	360 元

《智慧叢書》

1	禪的智慧	360 元
2	生活禪	360 元
3	易經的智慧	360 元
4	禪的管理大智慧	360 元
5	改變命運的人生智慧	360 元

6	如何吸取中庸智慧	360 元
7	如何吸取老子智慧	360 元
8	如何吸取易經智慧	360 元
9	經濟大崩潰	360 元
10	每天學點經濟學	360 元

《DIY 叢書》

1	居家節約竅門 DIY	360 元
2	愛護汽車 DIY	360 元
3	現代居家風水 DIY	360 元
4	居家收納整理 DIY	360 元
5	廚房竅門 DIY	360 元
6	家庭裝修 DIY	360 元
7	省油大作戰	360 元

《傳銷叢書》

4	傳銷致富	360 元
5	傳銷培訓課程	360 元
7	快速建立傳銷團隊	360 元
9	如何運作傳銷分享會	360 元
10	頂尖傳銷術	360 元
11	傳銷話術的奧妙	360 元
12	現在輪到你成功	350 元
13	鑽石傳銷商培訓手冊	350 元
14	傳銷皇帝的激勵技巧	360 元
15	傳銷皇帝的溝通技巧	360 元
16	傳銷成功技巧（增訂三版）	360 元
17	傳銷領袖	360 元

《財務管理叢書》

1	如何編制部門年度預算	360 元
2	財務查帳技巧	360 元
3	財務經理手冊	360 元

4	財務診斷技巧	360 元
5	內部控制實務	360 元
6	財務管理制度化	360 元
8	財務部流程規範化管理	360 元
9	如何推動利潤中心制度	360 元

《培訓叢書》

4	領導人才培訓遊戲	360 元
8	提升領導力培訓遊戲	360 元
9	培訓部門經理操作手冊	360 元
11	培訓師的現場培訓技巧	360 元
12	培訓師的演講技巧	360 元
14	解決問題能力的培訓技巧	360 元
15	戶外培訓活動實施技巧	360 元
16	提升團隊精神的培訓遊戲	360 元
17	針對部門主管的培訓遊戲	360 元
18	培訓師手冊	360 元
19	企業培訓遊戲大全（增訂二版）	360 元
20	銷售部門培訓遊戲	360 元

為方便讀者選購，本公司將一部分上述圖書又加以專門分類如下：

《企業制度叢書》

1	行銷管理制度化	360 元
2	財務管理制度化	360 元
3	人事管理制度化	360 元
4	總務管理制度化	360 元
5	生產管理制度化	360 元
6	企劃管理制度化	360 元

《主管叢書》

1	部門主管手冊	360 元
2	總經理行動手冊	360 元

3	營業經理行動手冊	360 元
4	生產主管操作手冊	380 元
5	店長操作手冊（增訂版）	360 元
6	財務經理手冊	360 元
7	人事經理操作手冊	360 元

《總經理叢書》

1	總經理如何經營公司(增訂二版)	360 元
2	總經理如何管理公司	360 元
3	總經理如何領導成功團隊	360 元
4	總經理如何熟悉財務控制	360 元
5	總經理如何靈活調動資金	

《人事管理叢書》

1	人事管理制度化	360 元
2	人事經理操作手冊	360 元
3	員工招聘技巧	360 元
4	員工績效考核技巧	360 元
5	職位分析與工作設計	360 元
6	企業如何辭退員工	360 元
7	總務部門重點工作	360 元
8	如何識別人才	360 元
9	人力資源部流程規範化管理（增訂二版）	360 元

《理財叢書》

1	巴菲特股票投資忠告	360 元
2	受益一生的投資理財	360 元
3	終身理財計劃	360 元
4	如何投資黃金	360 元
5	巴菲特投資必贏技巧	360 元
6	投資基金賺錢方法	360 元
7	索羅斯的基金投資必贏忠告	360 元
8	巴菲特為何投資比亞迪	360 元

《網路行銷叢書》

1	網路商店創業手冊	360 元
2	網路商店管理手冊	360 元
3	網路行銷技巧	360 元
4	商業網站成功密碼	360 元
5	電子郵件成功技巧	360 元
6	搜索引擎行銷密碼（即將出版）	

《經濟叢書》

1	經濟大崩潰	360 元
2	石油戰爭揭秘（即將出版）	

建立企業圖書館

當市場競爭激烈時：

培訓員工，強化員工競爭力是企業最佳對策

「人才」是企業最大的財富。如何提升人才，是企業永續經營、戰勝對手的核心競爭力。積極培訓公司內部員工，是經濟不景氣時期的最佳戰略，而最快速的具體作法，就是**「建立企業內部圖書館，鼓勵員工多閱讀、多進修專業書藉」**

建議您：請一次購足本公司所出版各種經營管理類圖書，作為貴公司內部員工培訓圖書。（使用率高的，準備多本；使用率低的，只準備一本。）

使用**培訓**，提升企業競爭力
是萬無一失、事半功倍的方法。
其效果更具有超大的「投資報酬力」！

好消息

最 暢 銷 的 工 廠 叢 書

名　稱	特价	名稱	特價
1　生產作業標準流程	380 元	2　生產主管操作手冊	
3　目視管理操作技巧	380 元	4　物料管理操作實務	380 元
5　品質管理標準流程	380 元	6　企業管理標準化教材	380 元
7　如何推動 5S 管理	380 元	8　庫存管理實務	380 元
9　ISO 9000 管理實戰案例	380 元	10　生產管理制度化	380 元
11　ISO 認證必備手冊	380 元	12　生產設備管理	380 元
13　品管員操作手冊	380 元	14　生產現場主管實務	380 元
15　工廠設備維護手冊	380 元	16　品管圈活動指南	380 元
17　品管圈推動實務	380 元	18　工廠流程管理	380 元
19　生產現場改善技巧		20　如何推動提案制度	380 元
21　採購管理實務	380 元	22　品質管制手法	380 元
23		24　六西格瑪管理手冊	380 元
25　商品管理流程控制	380 元		

　　上述各書均有在書店陳列販賣，若書店賣完，而來不及由庫
存書補充上架，請讀者直接向店員詢問、購買，最快速、方便！
　　請透過郵局劃撥購買：
　　　　郵局劃撥戶名：憲業企管顧問公司
　　　　郵局劃撥帳號：18410591

回饋讀者，免費贈送《環球企業內幕報導》電子報，請將你的
e-mail、姓名，告訴我們 huang2838@yahoo.com.tw 即可。

商店叢書③⑦　　　　　　　　售價：360 元

速食店操作手冊〈增訂二版〉

西元二〇一〇年八月　　　　　　　　增訂二版一刷

編著：李平貴　李立群
策劃：麥可國際出版有限公司（新加坡）
編輯：蕭玲
校對：焦俊華
發行人：黃憲仁
發行所：憲業企管顧問有限公司
電話：（02）2762-2241　　（03）9310960　　0930872873
臺北聯絡處：臺北郵政信箱第 36 之 1100 號
郵政劃撥：18410591 憲業企管顧問有限公司
江祖平律師顧問：紙品書、數位書著作權與版權均歸本公司所有
登記證：行政業新聞局版台業字第 6380 號
　　　本公司徵求海外版權出版代理商（0930872873）

ISBN：978-986-6421-66-2

擴大編制，誠徵新加坡、臺北編輯人員，請來函接洽。